Martin Klein | Hugo Mennemann
Case Management in der Betrieblichen Sozialen Arbeit

Betriebliche Soziale Arbeit

Herausgegeben von
Martin Klein

Betriebliche Soziale Arbeit hat sich als Handlungsfeld der Sozialen Arbeit seit mehr als 100 Jahren etabliert. Es umfasst einen breiten Katalog von Aufgaben und Maßnahmen, den so unterschiedliche Organisationen, wie große Konzerne, Ministerien, Träger der freien Wohlfahrtspflege, Krankenhäuser, Hochschulen, Sozialversicherungsträger, Bundeswehr oder Polizei ihren Organisationsmitgliedern zur Verfügung stellen.
In den einzelnen Bänden der Reihe soll es um diesen breiten Katalog von Aufgaben und Maßnahmen gehen, sowie um handlungsfeldspezifische Themen und die Entwicklung von Perspektiven für die Betriebliche Soziale Arbeit. Die einzelnen Bände berücksichtigen theoretische, konzeptionelle und anwendungsbezogene Ansätze und ermöglichen einen fundierten Theorie-Praxis-Transfer.

Martin Klein | Hugo Mennemann

Case Management in der Betrieblichen Sozialen Arbeit

Ein Praxisbuch

BELTZ JUVENTA

Die Autoren

Dr. Martin Klein ist Professor für Soziale Arbeit an der Katholischen Hochschule NRW und 1. Vorsitzender des Vorstands des Bundesfachverbandes Betriebliche Sozialarbeit e.V. (bbs).

Dr. Hugo Mennemann ist Professor für Soziale Arbeit an der FH Münster und 1. Vorsitzender der Deutschen Gesellschaft für Care und Case Management (DGCC e.V.).

FSC www.fsc.org
MIX
Papier aus verantwortungsvollen Quellen
FSC® C089473

Dieses Buch ist erhältlich als:
ISBN 978-3-7799-6632-6 Print
ISBN 978-3-7799-6633-3 E-Book (PDF)

1. Auflage 2023

in der Verlagsgruppe Beltz · Weinheim Basel
Werderstraße 10, 69469 Weinheim

Herstellung und Satz: Ulrike Poppel
Druck und Bindung: Beltz Grafische Betriebe, Bad Langensalza
Beltz Grafische Betriebe ist ein klimaneutrales Unternehmen (ID 15985-2104-100)
Printed in Germany

Weitere Informationen zu unseren Autor:innen und Titeln finden Sie unter: www.beltz.de

"And I would help her if I only know how,
but these things are a mystery to me too."
(Justin Sullivan)

Inhalt

Einleitung

Dieses Buch zum Thema Case Management ist das vierte einer kleinen Reihe von Büchern, die sich mit dem Thema Betriebliche Soziale Arbeit befasst. Durch das erste Buch erfolgte eine Einführung in das Handlungsfeld der Betrieblichen Sozialen Arbeit (vgl. Klein 2021). In dieser Einführung wurden die „Top 10“ der häufigsten Aufgaben benannt, zu denen auch das in diesem Buch beschriebene Case und Care Management gehört. In den nächsten Jahren soll zu den anderen Aufgaben auch jeweils ein eigenes Buch erscheinen (ebd., S. 109 ff.). Neben dem Buch zum Thema Vertrauen in der Betrieblichen Sozialen Arbeit, das sich unter anderem mit Themen wie Schweigepflicht, Datenschutz und Zeugnisverweigerungsrecht befasst hat, erschien das dritte Buch zum Thema Betriebliche Soziale Arbeit in der Schweiz.

Die Bücher dieser Reihe haben den Anspruch, in einer leicht zugänglichen, flüssigen Sprache formuliert und klar gegliedert zu sein. Einzelne Inhalte und Fachbegriffe können auch unabhängig von dem Gesamttext schnell nachgeschlagen werden. Obwohl sich nahezu alle formulierten Inhalte auf Fachdiskurse beziehen (lassen), haben wir Verweise und Zitate auf das Nötigste reduziert. Vielmehr ist der Anspruch, durchgehend ein im Ergebnis eigenes Gesamtverständnis von Care und Case Management zu formulieren.

Das Buch kann auch unabhängig von dem Handlungsfeld der Betrieblichen Sozialen Arbeit als grundlegende Einführung in Care und Case Management gelesen werden. Damit balancieren wir ein Spannungsverhältnis aus: während wir im ersten Teil allgemeine Grundlagen des Care und Case Managements darstellen, die nicht immer exakt auf die Betriebliche Soziale Arbeit passen, werden wir im Anschluss spezifischer und präzisieren die Implementierungsmöglichkeiten mit Blick auf die Betriebliche Soziale Arbeit. Case Management zu implementieren, ist äußerst interessant, vielfältig, komplex, anspruchsvoll und herausfordernd. Die Orientierung am Bedarf von Personen, die Unterstützung in komplexen Hilfesituationen benötigen, zieht in Organisationen eine Verschiebung von einer Planbarkeit und Sicherheit gebenden gesetzes-, verwaltungs- und insgesamt angebotsorientierten Arbeit hin zu einer personenzentrierten nach sich. Der angestrebte Kulturwandel betrifft die Haltung der Leitungskräfte und der Mitarbeitenden. Mitarbeitende sollten befähigt werden, sowohl nach gleichen Vorgaben als auch im Einzelfall unterschiedlich, flexibel und verantwortlich zu handeln. Und Netzwerke lassen sich nicht managen wie Organisationen. Leitungskräfte müssen lernen, partizipativ verlässlich zu steuern. Die Implementierung von Case Management ist im Kern nicht delegierbar an Mitarbeitende, sie ist integraler Bestandteil des gesamten Qualitätsmanagements und steht in der Verantwortung der Leitung.

Die Betriebliche Soziale Arbeit findet, anders als es der Begriff suggeriert, nicht nur in Betrieben statt, sondern auch in Unternehmen, Verwaltungen, Krankenhäusern, Schulen, Kirchen und auch beim Militär. Ihnen allen ist gemeinsam, dass es unterschiedliche Formen von Organisationen sind. Es wäre daher sprachlich präziser, nicht von *Betrieblicher* Sozialer Arbeit, sondern von *Organisationaler* Sozialer Arbeit zu sprechen. Da der Begriff Betriebliche Soziale Arbeit aber etabliert ist und eine sehr lange Tradition aufweisen kann, sollte dieser nicht von heute auf morgen ersetzt werden. Daher verwenden wir vorerst weiter den Begriff der Betrieblichen Sozialen Arbeit als Oberbegriff für das Handlungsfeld. In den konkreten Ausführungen werden wir aber bevorzugt die organisationale Perspektive einnehmen.

Diese Perspektive ermöglicht einen Anschluss an die moderne Organisationstheorie. Die in dieser Reihe dargestellten Themen beruhen auf langjährigen Erfahrungen der Autor:innen in der Betrieblichen Sozialen Arbeit und sind aus der Praxis heraus entstanden. Dennoch richtet sich diese kleine Buchreihe nicht nur an die Praktiker:innen in der Betrieblichen Sozialen Arbeit. Wir erheben auch den Anspruch, dass die Inhalte den neueren sozialarbeits- und organisationstheoretischen Ansätzen gerecht werden. Dabei lassen sich unterschiedliche Relevanzkriterien zwischen Theorie und Praxis nicht leugnen. Wissenschaftlich Tätige gehen theoriebezogen und logisch, nachvollziehbar, personenunabhängig vor, während in der Praxis Tätige vorrangig personen- und beziehungsbezogen alltagsrelevante Aufgaben der Personen mit Unterstützungsbedarf in ihrer Komplexität wirksam beraten. Dabei sind Theorie und Praxis in einem Spannungsfeld aufeinander bezogen: es gibt keine theorielose professionelle Praxis Sozialer Arbeit – der Theoriebezug, also die Anschauungsvorstellung von sozialer Wirklichkeit, sollte jedoch nicht nur ein alltagsorientierter Erfahrungsbezug sein – und Theorien Sozialer Arbeit gehen von praxisrelevanten Fragestellungen aus und wollen in professioneller Praxis wirksam werden. Wir möchten einerseits den in der Praxis Tätigen interessante Theorien vorstellen und andererseits wissenschaftlich Interessierten in der Organisationspraxis bewährte Konzepte so darstellen, dass sie sowohl Anknüpfungspunkte und Beispiele, aber auch das ein oder andere Neue finden.

Um der Vielfältigkeit von Organisationen und der Vielfalt in der Sozialen Arbeit gerecht zu werden, bedarf es einer gemeinsamen Grundlage. Einer

Grundlage, die dazu geeignet ist, ein möglichst umfangreiches Konzept des Erkennens zu ermöglichen. Wir haben in den ersten beiden Büchern der Systemtheorie den Vorzug gegeben, da diese sowohl in den Human-, Sozial- und Wirtschaftswissenschaften als auch im naturwissenschaftlichen Bereich anerkannt ist. Die Systemtheorie ist sehr gut geeignet, soziale Systeme und gesellschaftliche Strukturen zu beschreiben. Aber dies ist nur eine Sichtweise. Da es bei Care und Case Management um ein Handlungskonzept geht und damit das Handeln von Personen im Mittelpunkt steht, ergänzen wir diese Sichtweise um eine subjektorientierte. Die Ergänzung subjekt- und systemtheoretischer Herangehensweisen ermöglicht eine präzisere Einbindung grundlegender Eigenschaften des Menschen, die dessen Sozialität bestimmen (vgl. Schimank 2000, S. 208).

Die systemtheoretische Perspektive bietet sich in der Betrieblichen Sozialen Arbeit vorrangig dann an, wenn Handlungen mehrerer Personen zum Beispiel in einer Organisation sinnhaft aufeinander bezogen werden und dadurch als soziale Systeme in ihrem Zusammenhang abgrenzbar sind von einer nicht dazugehörigen Umwelt. Dabei können soziale Systeme auf verschiedene Weise als Interaktionssysteme, Organisationssysteme und Gesellschaftssysteme gebildet werden. Wir werden diese drei Ebenen im Case Management mit subjekttheoretischen Ansätzen erweitern und das Konzept auf der Einzelfall-, Organisations- und Netzwerkebene besprechen.

Für das Verständnis wichtig ist noch, dass viele Fachkräfte der Betrieblichen Sozialen Arbeit ausgebildete Case Manager:innen nach den Kriterien der Deutschen Gesellschaft für Case und Care Management und daher handlungsbezogen grundsätzlich befähigt sind, dieses anspruchsvolle Handlungskonzept adäquat in der organisationalen Wirklichkeit anzuwenden. Aber es ist keine fachliche Voraussetzung, um als Fachkraft für Betriebliche Soziale Arbeit tätig zu werden. Je nach organisationalen Anforderungen gibt es andere Schwerpunktsetzungen. In mittleren und größeren Teams der Betrieblichen Sozialen Arbeit hat sich gezeigt, dass ein konzeptgestütztes Handeln Sicherheit gibt, Wirkungsmessung vereinfacht, Standards ermöglicht und Komplexität bewältigen hilft.

Wir werden zu Beginn des Buches die Case Management-Grundlagen darstellen, damit ein Grundverständnis von dem Handlungskonzept entstehen kann. Dazu werden Begriffe erklärt, Anlässe und Indikatoren für Case Management vorgestellt. Das Handlungskonzept wird im Ablauf und mit den unterschiedlichen Funktionen erläutert. Die ethischen Grundlagen und Leitsätze werden dargestellt.

Im Anschluss werden vier Modelle Betrieblicher Sozialer Arbeit beschrieben. Je nach Modell sind die Anforderungen und Möglichkeiten, Case Management zu implementieren, different.

Auf dieser Grundlage lassen sich dann die drei verschiedenen Case Managementebenen gut darstellen. Auf der Einzelfallebene stehen die Grundlagen der Beratung und die Entwicklung von geeigneten Case Management-Instrumenten im Mittelpunkt der Betrachtung. Auf der Organisationsebene, die entscheidende Ebene bei der Implementierung des Handlungskonzeptes, werden die drei Seiten einer Organisation und die unterschiedlichen Verhaltenserwartungen vorgestellt. Dies führt zu besonderen Implementierungsanforderungen, die von Vorschlägen zur Implementierung begleitet werden. Die dritte Ebene, die Netzwerkebene, wird in diesem Band zum Abschluss vorgestellt. Die Attraktivität des Netzwerkbegriffes und Implementierungsgrundlagen werden erläutert.

1 Case Management

Ein kurzer Blick in die Geschichte der Implementierung von Case Management aus unterschiedlichen Perspektiven hilft schnell, Grundlagen und sogar „Regeln“ zu erkennen. Denn die Geschichte bildet die jeweiligen Erkenntnisschritte und Notwendigkeiten ab.

Am Anfang steht in Deutschland seit Ende der 1980er Jahre die Beobachtung, dass es immer mehr Menschen gibt, die sich in einer vielfältigen Problemlage befinden, die über die Leistung eines Dienstes hinaus insgesamt zu betrachten ist. Das Handlungskonzept Case Management, das im angloamerikanischen Raum zum Beispiel mit Blick auf Soldat:innen, die traumatisiert aus dem Krieg zurückkamen, oder angesichts der komplexen Hilfesituation geflüchteter Menschen entwickelt wurde, bot sich in einer Übertragung auf deutsche Verhältnisse und weitere Handlungsfelder an. Seit Anfang der 1990er Jahre wurden zum Beispiel pflegebedürftige Menschen und ihre Angehörigen nach Grundlagen des Case Managements beraten. Die Idee war zunächst, Beratende auszubilden, die komplexe Situationen erfassen und handhaben können.

Das war auch der Weg der Deutschen Gesellschaft für Care und Case Management, die sich 2005 aus einer Arbeitsgruppe der Deutschen Gesellschaft für Soziale Arbeit und zwei Berufsverbänden im Pflegebereich gründete. Die Vereinsgründung geschah mit dem primären Anliegen, eine Weiterbildung für unterschiedliche Professionen zu Case Manager:innen zu zertifizieren. Damit sollten auch Inhalte von Case Management grob festgelegt werden: Grundlagen, Einzelfall-, Organisations- und Netzwerkebene sowie eine Anwendung im Rahmen eines Projektes. Die Weiterbildung sollte regelhaft auf ein Studium im Bereich der Human- oder Sozialwissenschaften aufbauen, so dass rechtliche, Selbsterfahrungs- und beratende Kommunikationskompetenzen vorausgesetzt werden konnten.

Insbesondere aufgrund der vor 20 Jahren weitestgehend fehlenden Akademisierung im Bereich Pflege wurden weitere Zugangsmöglichkeiten zur zertifizierten Weiterbildung auch ohne einen Hochschulabschluss formuliert. Bei der praktischen Anwendung des Wissens wurde den Teilnehmenden schnell deutlich, dass sie in der Regel in ihren Organisationen nicht befugt sind, Struktur- und Prozessveränderungen vorzunehmen oder über die eigene Organisation hinaus in das Netzwerk hineinzuwirken. Erste Definitionen des Case Managements sprachen von der Einzel- und der Systemebene. Die Systemebene wurde später ausdifferenziert in die Organisations- und die Netzwerkebene. Die Relevanz der Organisationsebene war zu Beginn gar nicht adäquat im Blick. Mittlerweile gibt es in Anlehnung an DIN EN ISO eine Formulierung der Grundlagen einer Case Management-Organisation sowie die Möglichkeit der Zertifizierung von Organisationen.

Zudem gibt es viele Anfragen der Teilnehmenden von Weiterbildungen, die sich gar nicht auf Case Management beziehen, sondern auf allgemeine Beratungsgrundlagen wie etwa die Frage nach der Motivation, nach dem Verhältnis von Organisation und eigener Fachlichkeit, oder den sich widersprechenden Anforderungen. Wie sollen zum Beispiel Dienste vermittelt werden, wenn die Personen mit Unterstützungsbedarf gar nicht bereit sind, Hilfe anzunehmen?

Mittlerweile ist deutlicher geworden, dass Case Management grundlegende Beratungskenntnisse voraussetzt und auf diese notwendig aufbaut. Das Handlungskonzept wurde erweitert um beratende und kommunikative Grundverständnisse. Daraus entstanden neue Modelle: motivationsförderndes und lösungsorientiertes, systemisches, stärkenorientiertes Case Management usw. Zunächst wurde Case Management ausschließlich als Steuerungskonzept einer komplexen Hilfesituation begriffen. So ist bezüglich der unterschiedlichen Rollen im Case Management verständlich, dass der Unterstützer (Supporter) erst später als vierte Rolle hinzugezogen wurde, obwohl ihm eine Priorität vor dem fürsorglich Tätigen (Advocacy) zukommt.

Aus den Weiterbildungen für interessierte Einzelne wurden zusehends Inhouse-Schulungen. Organisationen entwickeln die Idee, Mitarbeitende auszubilden, damit Menschen in komplexen Hilfesituationen adäquat beraten werden können. Die Organisationsleitungen verbinden mit den Inhouse-Schulungen die Erwartung, ihr Portfolio zu erweitern. Als Ergebnis soll ein entsprechendes Konzept erarbeitet werden. In den Inhouse-Schulungen wird schnell deutlich, dass zum einen häufig gar kein einheitliches Beratungsverständnis vorhanden war. Die Case Management-Inhalte sind für einige Beratende sehr fremd und scheinen in der Realität kaum umsetzbar, für andere liegen sie nahe – je nach eigener beratender Ausrichtung. Zum Zweiten müssen weitreichende Entscheidungen auf Leitungsebene getroffen werden: Soll das Modell eines generellen Case Managements oder das eines fachdienstbegleitenden umgesetzt werden? Welche Kompetenzen erhalten Case Manager:innen in der eigenen Organisation? Über welche Budgets verfügen sie und dürfen hausintern andere Mitarbeitende in einem Hilfeprozess gesteuert werden? Zudem betrifft die Implementierung von Case Management unmittelbar die (Leitungs-)Kultur.

Eine Gefahr besteht darin, dass nun Leitungskräfte, die an den Schulungen gar nicht teilnehmen und die ein anderes Verständnis von Case Management mitbringen als die nach den Grundlagen der DGCC geschulten Case Manager:innen, weitreichende Entscheidungen treffen. So ist notwendig, Leitungskräfte in die Inhouse-Schulungen zu integrieren und/oder eigene Gremien, insbesondere ein Steuerungsgremium neben der Inhouse-Schulung zu installieren – zumindest dann, wenn ein Case Management-Konzept am Ende formuliert werden soll. Zudem ist notwendig, viele weitere Mitarbeitende, die an Case Management-Prozessen beteiligt sind in einigen Grundlagen zu schulen. Die Sprachen, Relevanzen und Schulungsinhalte, Case Management in Organisationen zu implementieren, differenzieren sich mit Blick auf die unterschiedlichen Gruppen in den Organisationen aus: Leitungskräfte, Case Manager:innen, am Prozess Beteiligte. In großen Behörden müssen beispielsweise Mediziner:innen, Jurist:innen und Verwaltungsfachkräfte different geschult werden, um Case Management an das Professionsdenken anschlussfähig zu machen.

Case Management-Inhalte einer Organisation sind Bestandteil des Qualitätsmanagements – egal, ob es ein ausgewiesenes Qualitätsmanagementsystem in einer Organisation gibt oder nicht. Nicht selten besteht für Organisationen vor allem im sozialen Bereich zunächst die Notwendigkeit, ein eigenes Qualitätsmanagementsystem aufzubauen.

Ausbilder:innen im Rahmen einer Inhouse-Schulung bilden in der Regel nicht nur Beratende aus, vielmehr beraten sie auch die Leitungskräfte: So entsteht ein kreatives Veränderungsdreieck für den zu gestaltenden Change Management-Prozess innerhalb einer Organisation. Dies werden wir auf der Organisationsebene in dem Kapitel Implementierungsanforderungen näher erläutern. Dazu sind beratende Kenntnisse genauso von Nöten wie Sozialmanagementkenntnisse mit Leitungserfahrung sowie Netzwerkkompetenzen.

Die Idee für eine Steuerung komplexer Hilfesituationen entsteht aus der Anschauung der Lebenswirklichkeit von Personen mit Unterstützungsbedarf. Case Management muss dann innerhalb einer Organisation über das Qualitätsmanagement entwickelt werden. Dazu ist die primäre Einbeziehung der Leitungskräfte notwendig.

Mit dem fachlichen und ethischen „Anker" der Orientierung am Bedarf der Ratsuchenden sind die Leitbilder beziehungsweise kulturellen Grundhaltungen der Organisation betroffen. Die Haltung der Leitungskräfte gegenüber den Mitarbeitenden widerspiegelt sich häufig in der Haltung der Mitarbeitenden gegenüber Personen mit Unterstützungsbedarf. Auch die Haltung der Ausbildenden den Teilnehmenden und der ganzen Organisation gegenüber sollte mit der Konzeptgrundhaltung im Case Management, einer Bedarfs- und Personenorientierung, übereinstimmen.

Leitungskräfte sind verantwortlich, erstens innerhalb ihrer eigenen Organisation eine Kultur aufzubauen, die den Grundlagen des Case Managements entspricht. Mitarbeitende, die in großen Verwaltungen gelernt haben, nach Vorgaben zu handeln, übertragen diese Kultur in der Regel auch auf Ratsuchende. Die Kultur zieht Strukturen, also insbesondere Kompetenzzuschreibungen, und auch eine Festlegung von formalen Abläufen nach sich. Auf der Netzwerkebene müssen Leitungskräfte eine Verantwortung zusammen mit anderen Organisationsleitungen übernehmen, die von ihnen erwartet, dass sie gemeinsam Vielfältigkeit steuern können. Sie müssen „win-win-Situationen" herstellen und mit den Perspektiven und Relevanzen anderer denken können. Organisationsbezogen leiten sie ein System mit dem Nachweis der Kompatibilität der Aufgabenerfüllung mit den gesetzlichen und wirtschaftlichen Rahmenbedingungen. Netzwerkbezogen sind sie Teil eines ausgleichenden „Kopplungsrationals" (vgl. Luhmann 2018a, S. 787) im verhandelnden Austausch mit anderen.

Die Implementierung von Case Management hängt weniger von den teilnehmenden Mitarbeitenden einer Schulung ab als vielmehr von dem Verständnis der Leitungskräfte. Qualitätsgaranten der Schulung sind weniger die Mitarbeitenden als vielmehr die teilnehmenden Leitungskräfte, die das Konzept letztlich schreiben und dessen Umsetzung verfolgen.

Eine der ersten Aufgaben ist häufig, Verständnisse von Fachbegriffen gemeinsam zu klären. Nicht selten werden zwar dieselben Begriffe verwandt, aber es wird ganz Unterschiedliches damit bezeichnet – das gilt nicht zuletzt für den Begriff Case Management. Begriffe wie „ganzheitlich", „inklusiv" oder „lebensweltorientiert" sind selten fachlich präzise geklärt. Darüber hinaus ist es hilfreich, ein grundlegend dialektisches Verständnis von sozialen Situationen zu entwickeln, um Kulturgrundlagen innerhalb der Organisation und auch im Netzwerk grundlegend adressat:innenorientiert aufbauen zu können. Ein dialektisches Verständnis meint, dass zumindest zwei Personen mit unterschiedlichen Perspektiven, Interessen und möglicherweise auch Kompetenzen zusammenkommen (These und Antithese), die gemeinsam etwas Neues gestalten (Synthese), das idealerweise den Ratsuchenden hilft oder auf der Netzwerkebene die Zusammenarbeit regelt. Bei der Gestaltung komplementärer oder asymmetrischer Kommunikationssituationen – also zwischen Leitungskräften und ihren Mitarbeitenden einerseits sowie den Beratenden und den Personen mit Unterstützungsbedarf andererseits – bietet sich die Orientierung an, dass die Leitungskräfte beziehungsweise Beratenden als Rahmengeber und

Unterstützer tätig sind, d. h. sie gestalten die Grundlagen des Begegnungsraumes, während die Mitarbeitenden und die Personen mit Unterstützungsbedarf den Raum einnehmen und ausfüllen (zur Metapher des Begegnungsraumes siehe ausführlicher Mennemann, Dummann 2022, S. 79 ff.). Oder in einem anderen Bild gesprochen: die Leitungskräfte und Beratenden stärken den Rücken der Mitarbeitenden beziehungsweise Ratsuchenden und begleiten diese. Die Perspektive und die Handlungsmöglichkeit nach vorne, die (berufliche) Alltagsgestaltung obliegt hingegen den Mitarbeitenden und Ratsuchenden selber.

Der Zweck des Konzeptes Case Management ist schnell benannt: Mit Blick auf den komplexen Hilfebedarf eines Menschen in einer für ihn unübersichtlichen Situation sollen alle notwendigen Hilfeleistungen „aus einer Hand“ erkannt, einbezogen und aufeinander abgestimmt werden. Eine einfache Definition von Case Management kann wie folgt formuliert werden: Case Management ist im Kern ein steuerndes Handlungskonzept („Management“) im Umgang mit komplexen Hilfesituationen („Case“).

Case Management ermöglicht, dass Organisationen ein Versorgungskonzept in vernetzter Zusammenarbeit mit anderen Diensten auf hohem Niveau anbieten können. Dabei kommt Case Management häufig nur für einen kleinen Teil aller Beratungsfälle in Frage. Das Konzept stellt für Organisationen eine Bereicherung dar, die es erlaubt, in komplexen Hilfesituationen zusammen mit anderen Diensten ein abgestimmtes Hilfeangebot zu unterbreiten. Ein neues soziales Gebilde entsteht in eine regionale Versorgungsstruktur hinein. Dieses besteht aus mehreren Organisationen und weist eine vereinbarte Struktur und abgestimmte Prozesse auf, die anders als nur innerhalb einer Organisation zu implementieren und dauerhaft zu gestalten sind.

Case Management folgt dabei einem zentralen Grundverständnis, dass wir in den nachfolgenden Kapiteln weiter ausführen. Es ist fachlich und ethisch auf die Person ausgerichtet, die professioneller Unterstützung bedarf. Das klingt alltäglich und einfach, bedarf jedoch bei genauerer Betrachtung der Klärung vielfältiger fachlicher und ethischer Grundlagen: So verständlich und einfach das Grundanliegen einerseits formuliert werden kann, so voraussetzungsvoll und komplex ist anderseits die Realisierung. Der Bedarf muss zunächst mit der Person gemeinsam erkannt werden. Dazu müssen unterschiedliche Phasen, Prozesse und Instrumente auf der Einzelfallebene geklärt werden. Damit Mitarbeitende befugt sind, Hilfeprozesse auch über die eigene Organisation hinaus zu gestalten, müssen Strukturen, vor allem Kompetenzzuschreibungen, und auch Prozesse innerhalb der Organisation entsprechend ausgerichtet werden. Die organisationsbezogenen Veränderungen können sich je nach Zuständigkeit auf die ganze Organisation auswirken und erfordern manchmal sogar eine

Anpassung des Leitbilds. Im Qualitätsmanagement zeigen sich diese Veränderungen. Im Ergebnis soll das regionale Versorgungsgefüge, wie etwa unterschiedliche Professionen, Dienste und Organisationen, auf den Bedarf im Einzelfall hin abgestimmt werden. Diese Steuerung greift in das regionale Netzwerk der Dienstleistungen ein. Die Möglichkeiten, auf ein regionales Netzwerk einzuwirken und dieses auch unabhängig von einem Einzelfall aufzubauen und zu pflegen, wird als Care Management bezeichnet. Das Care Management wird in diesem Buch dem Grundsatz nach erklärt. Die Thematik ist jedoch so umfangreich, dass es in einem eigenen Buch zum Netzwerkmanagement umfangreicher und detaillierter beschrieben wird.

1.1 Grundverständnis

Das Grundverständnis wird nachfolgend mit Blick auf die Spezifika des Handlungskonzeptes Case Management erläutert. Der Blick wird dabei auf grundlegende Begriffe, Anlässe, Indikationskriterien, Phasen, drei Ebenen, vier Rollen und Funktionen sowie Kompetenzbeschreibungen gerichtet. Im Anschluss werden die ethischen Grundlagen, die mit Blick auf Case Management eigens entwickelt wurden, dargelegt. Sie sind im Rahmen der Deutschen Gesellschaft für Care und Case Management verpflichtender Bestandteil des Handlungskonzeptes und gehören zu den Leitlinien Case Management. Sie eignen sich auch für die Betriebliche Soziale Arbeit über die Anwendung von Case Management hinaus.

1.2 Zentrale Begriffe und Definitionen

Case Management „werde schon immer praktiziert“ und sei „alter Wein in neuen Schläuchen“ oder eine „neoliberale, ökonomistische Variante der Einzelfallhilfe“, deren Einführung vor allem den Interessen der Organisation diene, sind Aussagen, die nicht selten zu Beginn eines Schulungs- oder Implementierungsprozesses innerhalb einer Organisation von Mitarbeitenden genannt oder gedacht werden. In ihnen drücken sich Einschätzungen aus, die eine Implementierung von Case Management erschweren oder sogar verhindern. Die hinter den Einschätzungen liegenden Themenbereiche sind wertvoll, sie können zum Motor eines gemeinsamen Verständnisses und der Weiterentwicklung von Handlungsvollzügen werden. Dazu ist es wichtig, zunächst nachvollziehbar klingende Begriffe, wie „bedarfs- und personenzentriert“, „komplexe Problemlage“ oder „Hilfesituation“ zu klären. Diese Begriffe erweisen sich bei genauer Betrachtung als vieldeutig, äußerst missverständlich und in der Umsetzung voraussetzungsvoll.

Begriffsklärungen oder Definitionen lassen sich häufig leichter vornehmen, wenn Inhalte und andere Begriffe abgegrenzt werden.

Bedürfnis und Bedarf

„*Bedürfnis*“ meint einen subjektiv vorhandenen Wunsch beziehungsweise ein Anliegen, das geäußert wird. Da der Beratungsprozess mit Wünschen der Personen mit Unterstützungsbedarf beginnt, kommt ihnen eine besondere Bedeutung zu. Mitunter müssen Personen unterstützt werden, ihre Wünsche entdecken und äußern zu können.

Mit „*Bedarf*“ bezeichnen wir die subjektiv vorhandenen Wünsche, die auch nach fachlicher Bewertung Ausgangspunkt eines professionellen Hilfeprozesses sein können. Beispielsweise ist das subjektive Bedürfnis, die Regel zur Punktnüchternheit in der Organisation auszusetzen, im Einzelfall verständlich, aber es ist nicht der Bedarf, der durch professionelle Hilfe erfüllt würde. Eine bedarfsorientierte Hilfe setzt bereits einen Beratungsprozess voraus, der eine fachliche Bewertung der Bedürfnisse beinhaltet. Damit werden Bedürfnisse im Rahmen professioneller Unterstützung sprachlich und gegebenenfalls auch inhaltlich zu einem Bedarf umformuliert.

Mit dem Beginn professioneller Hilfe im Rahmen von Case Management setzt somit unweigerlich ein „Klientelisierungsprozess“ ein. Personen werden in der Beratung zu Klient:innen beziehungsweise Adressat:innen gemacht. Im fachlichen Beratungsprozess treffen individuell vorhandene Wünsche und gegebenenfalls eine Alltagssprache auf gesetzliche und organisationsbezogene Voraussetzungen sowie auf eine Fachsprache, die personenbezogene und soziale Wirklichkeit bewertet und selektiert. Umso bedeutsamer ist die Verpflichtung und Notwendigkeit, die fachliche Sprache wieder zurückzubinden an die Personen, um zu prüfen, ob das fachlich ausgedrückte noch dem Bedürfnis entspricht. In dem fachlich geführten Gespräch entsteht im Ergebnis idealerweise eine von beiden Seiten geteilte Sprache, die ein gemeinsames Verständnis von der Situation erzeugen soll, in der sich die Person befindet und die dann zum Ausgangspunkt des weiteren Hilfeprozesses wird.

Person, Personenorientierung und Personenzentrierung

Der Begriff „*Person*“ bezeichnet Menschen mit Eigenschaften, die sich in einen sozialen Prozess einbringen. Case Management findet freiwillig statt. Die Hilfe kann von den Personen, die professioneller Hilfe bedürfen, oder ihren An- und Zugehörigen, angenommen oder auch abgelehnt werden.

„*Personenorientierung*“ meint, dass alle Lebensbereiche einer Person im Case Management-Prozess berücksichtigt werden, um herauszubekommen, welche bedarfsorientierten Hilfen notwendig sind. Lebensbereiche sind zum Beispiel: Ausbildung, Beruf, Finanzen, Familie, Freunde, Freizeit, Wohnen, Nachbarschaft, Gesundheit oder Religion.

„*Personenzentrierung*“ beinhaltet die Verpflichtung, organisationsbezogene Prozesse an dem Bedarf der Personen auszurichten.

Case Management

Case Management setzt einen von einer Person gewollten Hilfeprozess voraus, der sich an ihrer gesamten, im Detail zu benennenden, Lebenssituation orientiert. Der Fall (engl.: Case), der betrachtet wird, ist nicht die Person, sondern die Situation, in der sich eine Person befindet. Zu der Situation gehören auch die An- und Zugehörigen. Das Management, also eine geschickte Handhabung, bezieht sich nicht auf Menschen, sondern auf Situationen. Management meint ursprünglich die Fähigkeit, einen Wagen mit vier Pferden geschickt zügeln beziehungsweise handhaben zu können. Eine geschickte Handhabung wird notwendig, wenn die Ausgangssituation komplex ist.

Die bereits formulierte Definition sei an dieser Stelle noch einmal wiederholt: Case Management ist ein steuerndes Handlungskonzept („Management“) im Umgang mit komplexen Hilfesituationen („Case“).

Es lassen sich grob zwei Case Management-Modelle unterscheiden. Zum einen gibt es das „*generelle Case Management*“, bei dem keine eigene weitere Dienstleistung angeboten wird. Zum anderen das „*begleitende Case Management*“, bei dem neben dem gesamten Case Management-Prozess eine eigene funktions- und professionsbezogene Dienstleistung angeboten wird (vgl. Deutsche Gesellschaft für Care und Case Management 2020).

Konkrete Case Management-Modelle in der Praxis sind abhängig von dem disziplinären Hintergrund der handelnden Akteure, die sich wiederum auf unterschiedliche Erkenntnis-, Gesellschafts- und anthropologische Theorien beziehen können. Sie sind aber auch abhängig von den Grundlagen der Professionen, den Bedingungen der Organisation und den Handlungsfeldern, beziehungsweise den Eigenschaften der Personengruppe mit Unterstützungsbedarf. So sind beispielsweise spezifische Kommunikationsformen mit Menschen mit Behinderung oder demenziell erkrankten Menschen zu erlernen. In der Betrieblichen Sozialen Arbeit zeigt sich die Notwendigkeit, hierarchieübergreifend und terminologieadäquat sprechen zu können. Es ist ein Unterschied, ob die Fachkraft der Betrieblichen Sozialen Arbeit eher in einem ingenieurswissenschaftlich, betriebswirtschaftlich oder administrativ geprägten Umfeld tätig ist. Systemische Grundannahmen führen zu einem anderen Beratungsverständnis als subjektorientierte – um nur einige wenige Beispiele zu nennen. Case Management ist sehr gut geeignet, weil es offen für unterschiedliche Grundlagentheorien und Professionen ist.

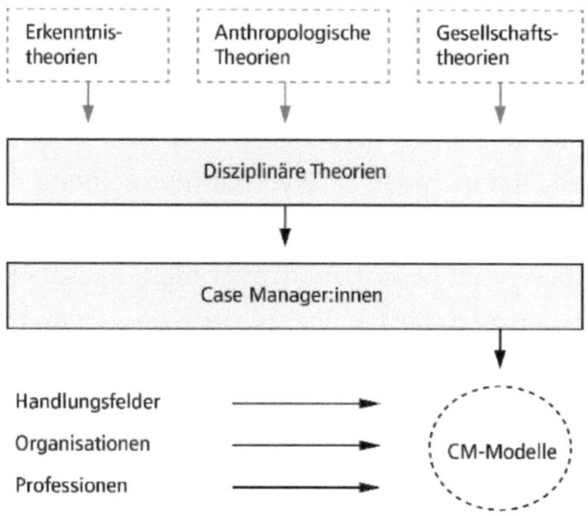

Abb. 1: Theoretische Grundlagen

Die konkreten „CM-Modelle" erhalten in der Praxis häufig angepasste Namen: Fallmanagement-Modelle oder Lotsenmodelle. Obwohl Fallmanagement eine direkte Übersetzung von Case Management ist, hat sich mittlerweile in der Praxis eine Unterscheidung herausgebildet: Fallmanagement-Modelle bezeichnen konkrete Anwendungen von Case Management. Die Deutsche Rentenversicherung oder die Bundesagentur für Arbeit haben beispielsweise konkrete Fallmanagement-Modelle, die sich auf das von der Deutschen Gesellschaft für Care und Case Management definierte Case Management beziehen, herausgebildet. Beliebt geworden und häufig angewandt wird der Begriff des Lotsen. Hinter Lotsenmodellen steht manchmal das Handlungskonzept Case Management. Häufig werden damit auch kleinere, spezifische Steuerungsleistungen von Fachkräften bezeichnet, die aber das umfangreiche Case Management nicht berücksichtigen.

Komplexität

Der Begriff „*komplex*" wird im Case Management sowohl mit Blick auf die Hilfesituation als auch auf den Hilfeprozess verwandt. *Komplexe* Inhalte können nicht kausal gedanklich gelöst werden. Das liegt sowohl daran, dass unterschiedliche Faktoren auf nicht vorwegzunehmende Art und Weise miteinander verbunden sind und aufeinander einwirken, als auch an den Menschen, die aufeinandertreffen. Diese können kontingent reagieren und sind gleichzeitig in ihren Reaktionen nur bedingt frei. So können beispielsweise die Auswirkungen einer problematischen ökonomischen Situation auf den Gesundheitszustand eines Menschen nicht von außen prognostiziert oder sogar bestimmt werden. Sie sind individuell verschieden. Auch das Ergebnis eines Hilfeprozesses kann nicht von dem oder der Helfenden vorweggenommen werden, weil die Person, die der Hilfe bedarf, in der Art und Weise der Annahme der Hilfe von außen unbestimmbar ist. Wenn wir von einer komplexen Ausgangssituation im Case Management sprechen, meinen wir, dass unterschiedliche Bereiche einer Person, die in einem Wechselverhältnis zueinanderstehen, betroffen sind. Die Art der Betroffenheit der einzelnen Bereiche und auch die Wechselwirkung können thesenhaft beschrieben, aber nicht kausal erklärt oder für die Zukunft vorweggenommen werden. Der Hilfeprozess ist im Case Management somit komplex, weil die Voraussetzungen und Reaktionen der Personen, die der Hilfe bedürfen, nicht kausal bestimmt werden können. Mit Case Management wollen Helfende auf eine komplexe Hilfesituation in einem komplexen Prozess möglichst geschickt im dialogischen Austausch der Beratung reagieren, so dass der Person die Hilfen zukommen, die bedarfsorientiert benötigt werden. Das setzt voraus, dass die relevanten Hilfen in der Organisation, aber auch im regionalen Versorgungsgefüge sich hinzuziehen und gegebenenfalls sogar aufeinander abstimmen lassen.

Im Unterschied zum Begriff komplex, der sich auf die Strukturvoraussetzungen einer Herausforderung oder Hilfesituation bezieht, meint kompliziert eine subjektive Wertung mit Blick auf Aufgaben. Komplexe Hilfesituationen können als einfach zu steuern oder als kompliziert zu steuern empfunden und beschrieben werden. Kompliziert empfundene Aufgaben können sich im Gegensatz zu komplexen auch auf gedanklich eindeutig lösbare Kausalketten beziehen. Mathematikaufgaben, die durch Nachdenken gelöst werden können, können beispielsweise als kompliziert empfunden werden, obwohl sie nicht komplex sind.

Komplexe Hilfesituationen müssen in der Konsequenz im Prozess und im fachlich geführten Dialog kriterienbezogen gestaltet werden, sie können nicht einseitig von den Berater:innen gelöst werden. Dabei können leicht zu steuernde von kompliziert empfundenen Hilfesituationen unterschieden werden.

Care Management

Während *Case* Management die am Bedarf des Einzelfalls orientierte Organisation der beteiligten Helfenden im Blick hat, meint *Care* Management die personenunabhängige Gestaltung der Dienste im regionalen Versorgungsgefüge. Care heißt übersetzt Sorge. Im Rahmen von Case Management meint Care – im Gegensatz zum Beispiel zur Verwendung des Begriffes im Pflegebereich – die vorhandenen Sorgestrukturen, das heißt die Professionen, Dienste und Organisationen. Care Management meint also die personen- und einzelfall*un*abhängige geschickte Handhabung der Sorgestrukturen im regionalen Versorgungsgefüge oder die Gestaltung des konkreten, informellen und professionellen Sorgeraumes, in dem die Person mit Unterstützungsbedarf lebt.

Case und Care Management

Die Deutsche Gesellschaft für Care und Case Management definiert die Begriffe wie folgt:

„*Case Management* bezeichnet eine bedarfsorientierte Steuerung (‚Management') einer Fallsituation (‚Case') innerhalb einer Organisation und im regionalen Versorgungsgefüge. Damit ist Case Management ein die Organisation und das regionale Versorgungsgefüge veränderndes Handlungskonzept, an dem unterschiedliche Professionen und Organisationen sektorenübergreifend beteiligt sein können" (Deutsche Gesellschaft für Care und Case Management 2020). Case Manager:innen steuern fallbezogen, bedarfsorientiert unterschiedliche Professionen in konkreten Hilfesituationen.

„*Care Management* meint in Abgrenzung zum bedarfs- und personenbezogenen Case Management die Gestaltung personenunabhängiger Sorgestrukturen im regionalen Versorgungsgefüge (Netzwerkebene). Diese umfassen professionelle und informelle Hilfeformen (Welfaremix). Care Management ist eine Voraussetzung des Case Managements" (Deutsche Gesellschaft für Care und Case Management 2020). Care Manager:innen steuern fallunabhängig auf organisationsbezogener Netzwerkebene.

Beratung

Case Management ist auf der Einzelfallebene eine Form von „Beratung“. Beratung ist dabei ein Prozess, in dem ungeklärte Problemlagen in einem professionellen Gespräch zwischen Personen mit Unterstützungsbedarf und den professionell Helfenden auf der Grundlage von Freiwilligkeit geklärt und einer Problembearbeitung zugeführt werden. Dies beinhaltet eine professionelle Beziehungsgestaltung. Beratung setzt Selbst- und Fachkompetenzen, wie beispielsweise Sach- und Methodenkenntnisse, voraus. Sie knüpft an unterschiedliche erkenntnistheoretische, methodische und verfahrensbezogene Ansätze an. Dementsprechend gibt es sehr unterschiedliche Beratungskonzepte in unterschiedlichen Handlungsfeldern. Case Management basiert auf allgemeine Beratungskompetenzen und ist grundsätzlich für unterschiedliche Modelle offen. *Psychosoziale* Beratung (vgl. Klein 2021, S. 110), in der die psychosoziale Situation besprochen und Probleme bearbeitet werden, ist nicht immer, aber häufig eine Voraussetzung von Case Management, weil in vielen Handlungsfeldern zunächst psychosoziale Widerstände und Probleme die Annahme weiterer Hilfen verhindern. Eine *psychosoziale* Beratung ist nicht Kernbestandteil von Case Management, wird aber häufig begleitend und vor allem dann ergänzend eingesetzt, wenn Sozialarbeitende auch als Case Manager:innen tätig sind.

Auf der Organisations- und Handlungsebene ist Case Management ein steuerungsorientierter Handlungsansatz, der das Management von Organisationen sowie auf der Netzwerkebene Struktur- und Prozessgestaltungen betrifft. Für Beratungsfachkräfte, die zusätzlich als Case Manager:innen (DGCC) ausgebildet sind, ist häufig eine erste große und zugleich wichtige Herausforderung, die bisherige fachdienstliche Beratung von Case Management als Dienste steuernde Beratungsform zu unterscheiden, um sowohl den Personen mit Unterstützungsbedarf als auch anderen Professionen und Organisationen gegenüber transparent, rollenklar und abgestimmt zu agieren.

Information

Information ist eine Handlungsform, die im Rahmen von Beratung, also auch von Case Management angewendet wird, die aber zunächst keine Beratung erforderlich macht. Bei der Information können ohne Klärung weiterer Hintergründe auf konkrete und klar formulierte Fragen Antworten gegeben werden, die den Fragenden helfen, anschließend mit dieser Information selbstständig weiter umzugehen. Bei Informationen steht der Sachaspekt im Vordergrund, die professionelle Beziehung muss nicht geklärt werden. Informationen-Gebende benötigen keine beraterische Selbst- und Fachkompetenzen.

Krisenintervention

Von der freiwilligen und partizipativen Beratung unterscheiden wir Formen von *Krisenintervention* (ebd., S. 117), die in akuten psychosozialen Krisen zum Einsatz kommen. Ratsuchende werden durch aktive und direkt intervenierende Kommunikationstechniken beeinflusst. Eine akute Krisensituation macht eine unmittelbare Intervention notwendig, bei der eine freiwillige Teilnahme häufig nicht erfragt wird. Im Anschluss an eine akute Krisenintervention zum Beispiel zur Verhinderung eines Suizids setzt häufig unmittelbar dialogisch ausgerichtete Beratung an.

Subsidiaritätsprinzip

Case Management findet somit – theoretisch und idealtypisch formuliert – zwischen zwei Grenzen statt, wohl wissend, dass die Grenzen in der Praxis häufig fließend und schwer erkennbar sind. Die *untere Grenze* markiert sowohl die rechtliche und fachliche Zuständigkeit als auch die Nachrangigkeit professioneller Hilfe zur Selbsthilfe. Personen, die sich selber oder mit Hilfe ihres sozialen Umfeldes, häufig die An- und Zugehörigen, selber helfen können, sollen dies tun und gegebenenfalls dazu befähigt werden. Das hinter dieser Maßgabe stehende wohlfahrtsstaatliche Prinzip ist das *Subsidiaritätsprinzip*. Es legt das Recht aller Menschen fest, zunächst vor dem Eingriff des Staates oder anderer professioneller Hilfe das Leben selber bestimmen zu können.

Auf der Ebene der Dienste bedeutet dies, dass Selbsthilfe einen Vorrang vor der professionellen Hilfe hat. Den Wohlfahrtsverbänden wird als Vertretungen der Anliegen der Bürger:innen der Vorrang vor staatlichen Hilfen eingeräumt. Das Vorrangprinzip der Wohlfahrtsverbände wird allerdings durch entsprechende Gesetzgebung über gewollte Konkurrenzsituationen auch zu gewinnorientierten privaten Trägern teilweise aufgehoben. Case Manager:innen folgen dem Subsidiaritätsprinzip, indem sie der Selbsthilfe der Personen mit Unterstützungsbedarf einen Vorrang einräumen. Vor allem fürsorgliche Tätigkeiten werden hintangestellt und nur in Absprache übernommen. Das Subsidiaritätsprinzip ist als Recht der Menschen gedacht. Es ist kritisch zu beobachten, wenn dieses Recht primär zu einer zugeschriebenen Verpflichtung wird, die die Menschen gar nicht leisten können.

Die *obere Grenze* ist die eines notwendigen Eingriffs, einer Intervention, die auch ohne Rücksprache jenseits freiwilliger Teilnahme erfolgt. Case Management ist eine Beratungsform, die angewandt wird, wenn Personen professionelle Hilfe benötigen und diese auch wollen. Niemand wird mit Case Management konfrontiert, der dies gar nicht möchte.

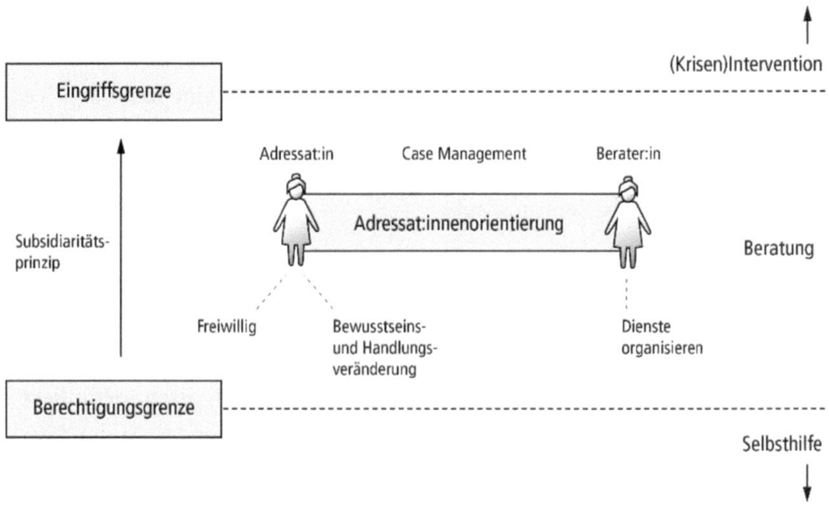

Abb. 2: Case Management zwischen Berechtigungs- und Eingriffsgrenze

Managed Care

Case Management steht in Abhängigkeit zu den Rahmenbedingungen im Sozial- und Gesundheitswesen, die auf übergeordneter, gesetzlicher Ebene entschieden werden. Der Begriff „*Managed Care*" bezeichnet die Steuerung der Gesundheitsversorgung auf gesellschaftlicher Ebene (vgl. Wendt 2006, S. 8). Im internationalen Vergleich kommen Länder mit grundlegend anderen Managed-Care-Strukturen zu anderen Case Management-Modellen. Die Trennung von Kostenträgern und Dienstleistungsanbietern, die mitunter zudem Wohlfahrtsverbände sind, hat spezifische Ausrichtungen, Modelle und Wirkungen von Case Management zur Folge.

Disease Management

Disease Management bezeichnet krankheitsbezogene, häufig von den zuständigen Kostenträgern, den Krankenkassen, aufgelegte sektoren- und organisationsübergreifende Pfade, die alle Personen, die eine bestimmte Erkrankung haben, unabhängig vom Einzelfall durchlaufen sollen. Demgegenüber will Case Management im Einzelfall zunächst die notwendig zu beteiligenden Dienste herausfinden und steuern.

Zusammenfassung

Case Management ist zusammenfassend eine Form von Beratung, die eine komplexe Hilfesituation mit Blick auf die Frage bearbeitet, welche Dienste bedarfsorientiert zu beteiligen und gegebenenfalls aufeinander abzustimmen sind. Psychosoziale Beratung und andere Fachberatungsformen werden häufig begleitend eingesetzt, sind aber nicht Kernbestandteil von Case Management. Abhängig sind konkrete Case Management-Modelle von Managed-Care-Strukturen auf übergeordneter Steuerungsebene. Care Management als überindividuelle Versorgungssteuerung im regionalen Versorgungsgefüge ist (häufig) eine Voraussetzung von Case Management. Abzugrenzen ist Case Management von eingreifenden (Krisen-)Interventionsformen sowie auch von anderen vordefinierten Pfadmodellen auf der Ebene eines regionalen Versorgungsgefüges wie Disease Management oder auf der Ebene einer Organisation wie zum Beispiel diagnosebezogene Regelpfade oder das Pathway-Management im Krankenhaus.

1.3 Systemische und subjekttheoretische Spannungsfelder

Professionell Helfende stehen grundsätzlich in einem vierfachen Spannungsfeld. Sie folgen erstens einem gesellschaftlichen, häufig gesetzlich formulierten Auftrag, der zweitens von einer Organisation wirtschaftlich, also effektiv und effizient, umgesetzt werden soll. Drittens folgen Helfende zunächst den Bedürfnissen der Personen, denen sie die Hilfe zukommen lassen, und orientieren sich dabei viertens an ihrer eigenen Fachlichkeit. In diesem stets vorhandenen und theoretisch nicht auflösbaren Spannungsfeld wird mit Case Management auf den Bedarf der Personen gesetzt, die an die geäußerten und erkennbaren Wünsche und Bedürfnisse der Personen anknüpfen.

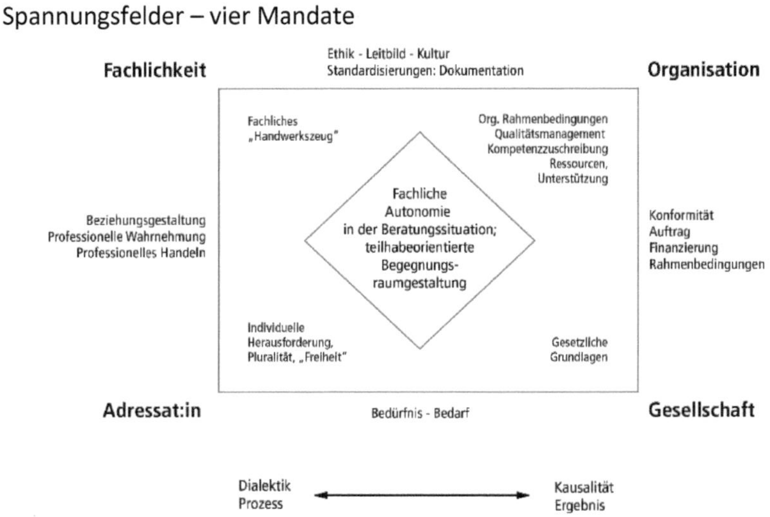

Abb. 3: Spannungsfelder im Case Management (in Anlehnung an Mennemann, Dummann 2022, S. 53 ff.)

1.4 Anlässe und Indikatoren

Die Neuzeit hat mit Entdeckungen und der Aufklärung eine veränderte Lebensgrundlage über Jahrhunderte etabliert: Vernunft und Bildung wurden zur Basis von Freiheits- und Menschenrechten sowie demokratischen Gesellschaftsformen (vgl. Luhmann 2019a, S. 122 ff.). Wissenschaften und Fachsprachen wurden vor allem seit dem 19. Jahrhundert ausdifferenziert. Und gesellschaftliche Hilfe- und Versicherungssysteme wurden mit unterschiedlichen Kostenträgern und Dienstleistungsanbietern eingeführt. Andere Menschen, die Natur und Religionen wurden zum Gegenstand der Vernunft, sie wurden zu einem handhabbaren Objekt. Jeder Mensch, so die neue Idee der Aufklärung, tritt in Distanz zur Umwelt und ist aufgerufen, sein Leben für sich zu planen und zu begründen. Metaerzählungen, wie religiöse Ordnungsmuster, können demnach nicht vorausgesetzt für alle Gültigkeit erlangen. Wissenschaftler:innen und Fachleute setzen sich argumentativ im Diskurs auseinander. Verlässlichkeiten über soziale Wirklichkeiten verschwinden. Informationen sind so einfach wie nie zuvor vorhanden, zugleich können diese sich aber auch widersprechen und offensichtlich falsch sein. Ideologien können vertreten werden und Einfluss gewinnen.

Zugleich verändern sich Lebensformen. Sie werden „bunter". Geschlechterverhältnisse und Rollenverständnisse in sozialen Kontexten, vor allem auch innerhalb der Familie, werden vielfältig und können ausgehandelt werden. Die in der Moderne geschaffene Form der Kernfamilie scheint an ihre Grenzen zu kommen. Zudem ist die demographische Entwicklung, die sich durch einen dreifachen Alterungsprozess kennzeichnen lässt – Zunahme der absoluten und relativen Zahl alter Menschen sowie Zunahme hochaltriger Menschen –, zugleich gesellschaftliche Herausforderung und Chance.

Individualisierte Lebensformen schaffen Freisetzungen und veränderte gesellschaftliche Wiedereingliederungen, sie haben pluralisierte Perspektiven, Grundhaltungen sowie Bedürfnis- und Bedarfslagen zur Folge (vgl. Beck 2020, S. 205 ff.). Menschen leben zusehends in einem Spannungsverhältnis von Gestaltungs- bzw. Allmachtsversprechen sowie Ohnmachtserfahrungen, das zu Überforderung, komplexer Hilfebedürftigkeit und auch vermehrte Aggression führen kann.

Plurale Bedarfslagen treffen auf der Seite des Helfendensystems auf ausdifferenzierte Kostenträger- und Leistungsanbietersysteme. Hilfesituationen werden in für viele brüchig gewordenen Lebenssituationen auf sozialer, sachlicher und zeitlicher Sinnebene zusehends komplex. Die demographische Entwicklung, Veränderungen in der Arbeitswelt und Individualisierungsprozesse fordern verstärkt gesellschaftliche Hilfen ein. Primäre Versorgungskreise, wie die Familie, nachbarschaftliche, freundschaftliche und kollegiale Hilfe, kommen in Krisensituationen schnell an Grenzen.

Die Notwendigkeit, individuelle, komplexe Bedarfslagen zu erkennen und in das ausdifferenzierte Kostenträger- und Leistungsanbietersystem hineinzusteuern, nimmt zu. Einzelne Kostenträger und Dienstleistungsanbieter können viele Hilfesituationen allein nicht befriedigend klären. Ausdifferenzierte, unvernetzte Sozial- und Gesundheitssysteme werden teuer.

Andreas Reckwitz und Hartmut Rosa beschreiben die zunehmende Komplexität der Gesellschaft, der Organisationen und der Lebenssituationen der Menschen, auf die es keine einfachen Antworten mehr gibt, in ihrem Buch „Spätmoderne in der Krise“ (2021) eindringlich (s. ausführlicher Mennemann, Frommelt 2023).

Case Management greift mit dem Anspruch, in komplexen Hilfesituationen Dienste im unübersichtlich gewordenen Hilfesystem zu steuern, den Bedarf nach individualisierter „Hilfe aus einer Hand“ und Vernetzung der ausdifferenzierten Systeme auf.

Anlässe für Case Management ergeben sich einerseits durch die Personen mit Unterstützungsbedarf sowie die Individualisierung der Verantwortung für die eigene Lebensplanung und die Pluralisierung der Haltungen, Perspektiven und Lebensformen. Andererseits ergeben sich Anlässe auf der Seite der professionell Helfenden, die Ausdifferenzierung der Wissenschaften, Fachsprachen und Professionen sowie der Dienstleistungsanbieter und der Kostenträger.

Die Verortung der Anlässe von Case Management im historisch-gesellschaftlichen Kontext verdeutlicht jedoch zugleich, dass Helfende mit Case Management gegen den „gesellschaftlichen Strom“ schwimmen: Es soll eine verlässliche Zusammenarbeit in Anreizsysteme der Konkurrenz hinein geschaffen werden. Die Implementierung von Case Management ist noch nicht die Lösung von Problemen, sondern die Annahme der gesellschaftlich geschaffenen Herausforderungen sowie eine Grundlage, gewinnbringende Umgangsformen und mitunter sogar Lösungen gemeinsam gestalten zu können.

Case Management ist erstens personalintensiv, weil im Einzelfall Hilfe koordiniert werden soll, zweitens anspruchsvoll, weil eine Lebenssituation mehrdimensional in den Blick genommen wird, und drittens voraussetzungsvoll, weil voneinander unabhängige und sogar in Konkurrenz stehende Organisationen miteinander Hilfe erbringen sollen. Dabei ist Case Management als Handlungskonzept der Wahl nur nachrangig, also nur dann, wenn weder Selbsthilfe noch ein Fachdienst und auch keine Regelpfade greifen. Es ist damit nur für einen (in der Regel) kleinen Teil der Beratungsfälle relevant.

1.5 Indikationskriterien

Nur, wenn alle Kriterien, die nachfolgend aufgezählt werden, im Einzelfall erfüllt sind, ist eine *Indikation* für Case Management gegeben:

- Es handelt sich um eine komplexe Hilfesituation. Es gibt mehrere, interagierende Lebensbereiche, in denen es einen (professionellen) Hilfebedarf gibt.
- Es liegt eine hohe Akteursdichte vor. Im Laufe des Hilfeprozesses sind mehrere Dienstleistungsanbieter und/oder Kostenträger beteiligt, die zudem mit Blick auf den Bedarf im Einzelfall aufeinander abgestimmt werden müssen.
- Regelversorgungspfade greifen nicht. Die beteiligten Dienste können nicht in einem zuvor besprochenen Ablauf zueinander aktiv werden.
- Die Hilfe ist notwendig. Die Personen mit Unterstützungsbedarf können sich unter Zuhilfenahme ihrer primären sozialen Umwelt nicht alleine helfen, sie bedürfen professioneller Unterstützung.
- Die Hilfe ist erwünscht. Die Personen mit Unterstützungsbedarf oder ihre gesetzliche Vertretung wissen um die Inhalte von Case Management und wünschen Hilfe (vgl. Deutsche Gesellschaft für Care und Case Management 2020, S. 5).

1.6 Phasen im Überblick

Da unterschiedliche Organisationen im Rahmen eines Case Management-Prozesses zusammenarbeiten sollen, muss das Handlungskonzept zwar über die Leitungen von Organisationen implementiert und bezogen auf die Werkzeuge von den professionell Helfenden entwickelt werden, aber der fachliche und ethische Ausgangspunkt sind die Personen mit Unterstützungsbedarf. Von ihnen aus ist der gesamte Hilfeprozess zu denken.

Der idealtypische Prozess wird im Folgenden aus der Perspektive einer Person mit Unterstützungsbedarf entwickelt.

Die Person ruft bei einer Organisation an und schildert grob ihr Anliegen. Nehmen wir an, dass am Telefon nicht ein/e Case Manager:in ist, so muss diese zuerst angesprochene Person zunächst klären, ob das Anliegen wahrscheinlich ein Case Management erforderlich macht, direkt in einen Regelpfad überführt werden kann, eine Fachdienstfrage ist oder nur eine Informationsfrage. Diese Phase nennen wir *„Case Finding"* (Fallfindung). Die Klärung geschieht vor dem Hintergrund eines *„Screening"-Instrument*es. Dieses setzt keine Beratung voraus und ist schnell und einfach anwendbar. Handelt es sich laut Screening-Instrument wahrscheinlich um eine Case Management-Situation, so muss die helfende Person den Zugang zur Case Management-Stelle gewährleisten und die Person mit Unterstützungsbedarf sicher überleiten. Die sichere Gewährung des Zugangs wird mit dem entsprechenden englischen Begriff *„Access"* bezeichnet. Die informative Hineinnahme in den Case Management-Prozess und Klärung des Auftrags der Case Managerin bzw. des Case Managers wird häufig von der:m Case Manager:in selber durchgeführt (*„Intake"*).

Erst nach Information und Klärung des Auftrags beginnen die Hauptphasen des Case Managements. Diese müssen von der:m Case Manager:in durchgeführt werden. Damit die soeben dargestellten Eingangsphasen auch von einer helfenden Person gegebenenfalls in einer anderen Organisation durchgeführt werden können, müssen zuvor fallunabhängig die Erreichbarkeit der Case Management-Stelle und die Kriterien des Screening-Instrumentes, die zu erhebenden Daten, um den Zugang zur Case Management-Stelle sicherzustellen, sowie gegebenenfalls die Informationen zur Auftragsklärung besprochen werden. Alle fallunabhängigen Inhaltsklärungen mit anderen Helfenden, um den Einstieg ins Case Management sicherzustellen, werden von der Case Management-Stelle durchgeführt. Diese Aktivitäten werden *„Outreach"* genannt, also das fachliche Hinausreichen und informative Erreichen anderer Dienste.

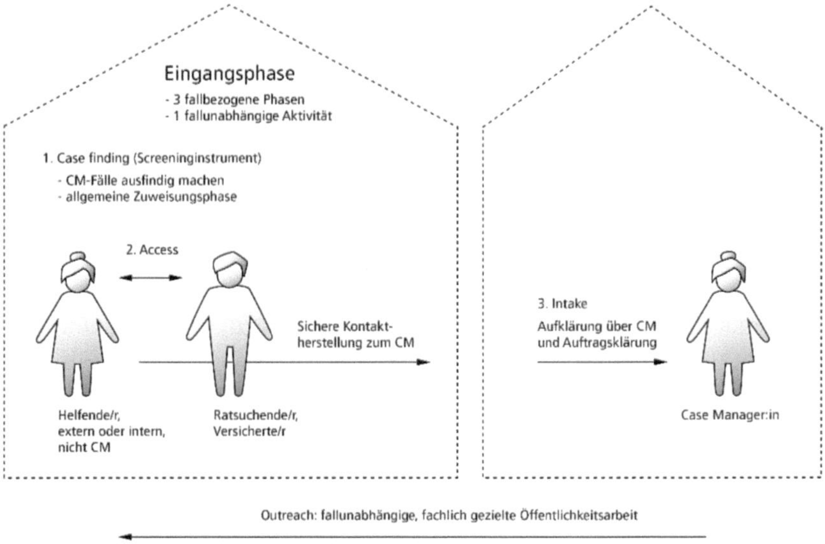

Abb. 4: Eingangsphase – Case Finding, Access und Outreach

Nach Klärung des Auftrags an die/den Case Manager:in beginnt der Hauptprozess mit der Aufnahme der Hilfesituation. Das erste Zuhören und Aufnehmen der Fallschilderung widerspiegelt am deutlichsten die Wahrnehmung der Person mit Unterstützungsbedarf auf das, was sich ihr zeigt (das Phänomen). Diese *phänomennahe Situationsaufnahme* wird durch gezielte Rückfragen durch den:die Case Manager:in überführt in eine *systematische Situationsaufnahme*. Dieser liegt ein standardisiertes Dokumentationsinstrument zugrunde. Um die Situation möglichst umfassend aufzunehmen, können auch Gutachten Dritter oder auch andere Sichtweisen, wie die der Angehörigen, hinzugezogen werden. Ziel ist es, die Situation gemeinsam mit der Person mit Unterstützungsbedarf zu bewerten, um den *Bedarf* zu formulieren, der gegebenenfalls mit Prioritäten versehen wird. Die Phase der phänomennahen und systematischen Situationsaufnahme sowie Bedarfsfeststellung heißt im Case Management „*Assessment*".

Im Anschluss an die Bedarfsfeststellung werden Ziele besprochen und mögliche Maßnahmen festgehalten. Maßnahmen sind im Case Management andere Dienstleistungen. Zudem können Zeitläufe, Kosten und Kostenträger sowie Verantwortliche benannt werden. Das ist die Phase der „*Serviceplanung*". Ihr liegt ein Dokumentationsinstrument zugrunde, das nach Möglichkeit im Ergebnis von der Person mit Unterstützungsbedarf und der/m Case Manager:in unterzeichnet wird. Die Unterschriften haben zwar keine Rechtsverbindlichkeit, sie drücken aber aus, die erarbeiteten Ziele und Maßnahmen als gemeinsam erarbeitete, vereinbarte, verbindliche Grundlage des folgenden Hilfeprozesses, in den andere Dienste hinzugezogen werden, anzusehen. Die

Erarbeitung des Serviceplanes setzt differenzierte Kenntnisse über das regionale Versorgungsgefüge voraus. Die Person mit Unterstützungsbedarf entscheidet über die konkreten Dienste, die hinzugezogen werden, sofern Dienste mit demselben Angebot in der Region in Konkurrenz zueinanderstehen. Mit der Serviceplanung kann auch deutlich werden, dass die Person mit Unterstützungsbedarf und ihr soziales Umfeld nun den Hilfeprozess alleine weitergestalten können oder dass ein Regelpfad eingeleitet wird.

Ist die Beteiligung anderer Dienste erforderlich und sind diese ausgewählt, werden die Person mit Unterstützungsbedarf und die Dienste über den weiteren Prozess informiert, um einen möglichst reibungsfreien Übergang zu gewährleisten. Die Verbindung zwischen der Person mit Unterstützungsbedarf und den Diensten sowie gegebenenfalls der Dienste untereinander werden sichergestellt („*Linking*"). Die Phase des Linkings setzt eine Kompetenzzuschreibung der:s Case Manager:in innerhalb der eigenen Organisation und auch in das Netzwerk hinein voraus. An dieser Stelle wird deutlich, dass die Einzelfallebene nur gelingen kann, wenn die Organisations- und auch die Netzwerkebene entsprechend gestaltet sind.

Der:die Case Manager:in behält die zielorientierte Fallsteuerung. Der Hilfeprozess wird beobachtet und gegebenenfalls neu gesteuert („*Monitoring*"). Mitunter wird deutlich, dass die Ausgangssituation sich verändert hat (Re-Assessment) oder auch die Ziele und Maßnahmen ergänzend verändert werden müssen (Re-Serviceplanung). In den Phasen der Serviceplanung und des Monitorings wird erkennbar, welche Dienste im regionalen Versorgungsgefüge vorhanden sind und ob die Qualität ausreichend ist. Diese beiden Phasen legen nahe, dass Case Management eine enge Verbindung zur kommunalen Sozialplanung hat. Gegebenenfalls sollte die Sozialplanung auf fehlende Angebote im Versorgungsgefüge aufmerksam gemacht werden.

Sobald die im Serviceplan vereinbarten Ziele erreicht sind und der Hilfeprozess abgeschlossen werden kann oder die Person mit Unterstützungsbedarf selbstständig den weiteren Prozess gestalten kann, beginnt die Phase der Bewertung des gesamten Hilfeprozesses („*Evaluation*"). Die Evaluation bezieht sich auf die Zusammenarbeit zwischen der:m Case Manager:in und der Person mit Unterstützungsbedarf (Einzelfallebene), die organisationsinternen Strukturen und Abläufe sowie auf die Zusammenarbeit im Netzwerk mit den beteiligten Diensten. Die Phase der Evaluation verdeutlicht, dass Case Management ein ständiger Weiterentwicklungsprozess ist, um die Abläufe und Instrumente stets weiter zu verfeinern.

Je nach Handlungsfeld kann es sinnvoll sein, mit Beendigung des Hilfeprozesses zu vereinbaren, dass die:der Case Manager:in sich in einem absehbaren

Zeitraum noch einmal meldet, um gegebenenfalls präventiv oder steuernd die veränderte Situation gestalten zu können („*nachgehende Kontrolle*“). Diese abschließende Phase gehört nicht mehr zum Hauptprozess des Case Managements, sie kann wahlweise hinzugezogen werden.

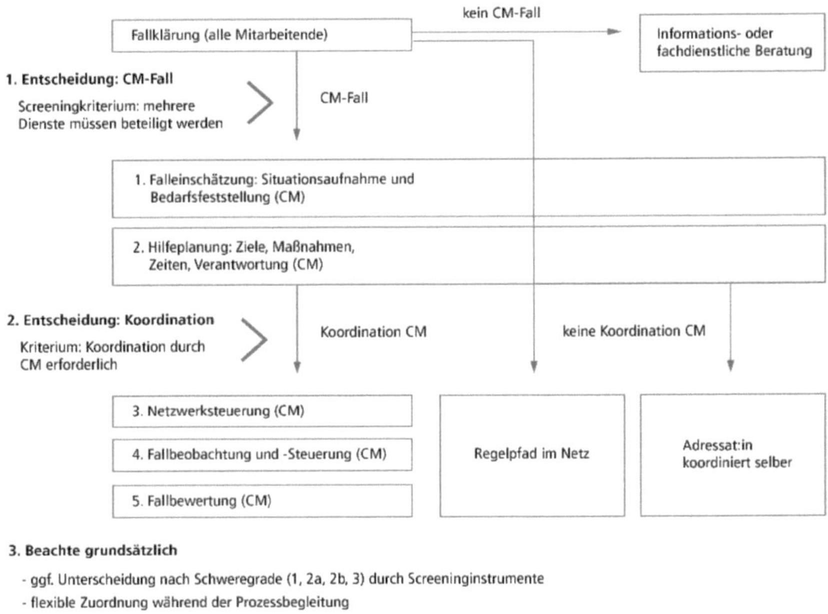

Abb. 5: Phasen im Case Management

1.7 Drei Ebenen im Case Management

Die Phasen lassen erkennen, dass drei Ebenen im Case Management miteinander verbunden sind: Einzelfall-, Organisations- und Netzwerkebene. Mit der Netzwerkebene ist der konkrete Sorgeraum bzw. das informelle und formelle regionale Versorgungsgefüge von Organisationen, Dienstleistungen, Professionen (tertiäre Netzwerke), unterstützenden (Selbsthilfe-)Gruppen (sekundäre Netzwerke) sowie familiären, freundschaftlichen und nachbarschaftlichen Hilfen (primäre Netzwerke) gemeint. Zu dem Netzwerk gehören im Sinne eines wohlfahrtsstaatlichen Mixes (welfare mix) alle formellen/professionellen und informellen/freiwilligen Hilfen. Auf allen drei Ebenen sind Case Manager:innen tätig. Case Management ist ein Konzept, an dem viele Helfende in unterschiedlichen Rollen mit unterschiedlichen Kompetenzzuweisungen beteiligt sind. Es ist nicht sinnvoll, die Implementierung von Case Management von einer Person aus zu denken, vielmehr ist Case Management ein die Organisation und das institutionelle Versorgungsgefüge veränderndes Handlungskonzept.

Ein Beispiel kann das notwendige Zusammendenken der drei Ebenen sowie die Nähe des Case Managements zur Sozialplanung verdeutlichen: Eine bedarfsorientierte Situationsaufnahme wird mit Einführung des Bundessozialhilfegesetzes häufig im Rahmen der Phase des Assessments mit Hilfe der International Classification of Functioning, Disability and Health (ICF) wahrgenommen. Das ICF betont zwar auf der einen Seite eine notwendige Defizitorientierung, um individuell Hilfe auf der Grundlage von Gesetzen gewähren zu können, hebt aber auf der anderen Seite die normative, materielle und soziale Kontextgebundenheit von Hilfebedürftigkeit hervor. Damit sind auch im Case Management Organisationen aufgefordert, ihre Normen zu überdenken und von sich aus Teilhabe zu ermöglichen. Auch Netzwerke sollten barrierefrei gestaltet sein, damit eine Andersartigkeit von Menschen normal gehandhabt werden kann. Bedarfs- und personenorientiertes Case Management beinhaltet demnach auch eine personenunabhängige, teilhabeorientierte (Sozial-)Raumgestaltung. Damit werden eine Individualisierung sozialer Probleme und unnötige Klientelisierungsprozesse verhindert.

Auf allen drei Ebenen muss anders gearbeitet werden: auf der *Einzelfallebene* mit Beratungsgrundlagen, auf der *Organisationsebene* mit Formen des Sozial- und Qualitätsmanagements und auf der *Netzwerkebene* primär mit moderierenden und verhandelnden Gestaltungs- und Steuerungsformen.

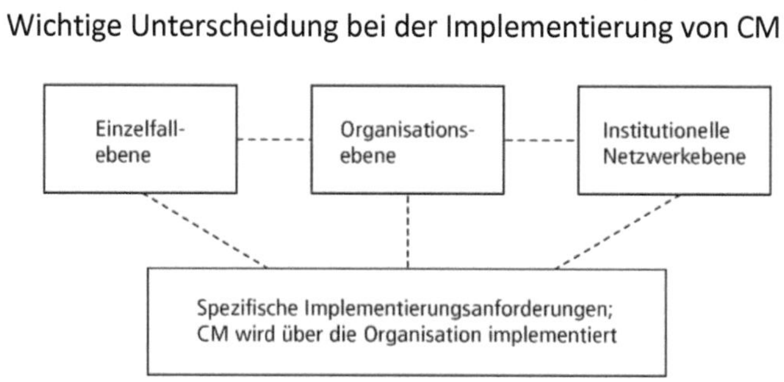

Abb. 6: Unterscheidung von Implementierungsanforderungen

1.8 Vier Rollen und Funktionen

Case Manager:innen üben auf den unterschiedlichen Ebenen unterschiedliche Funktionen aus. Auf der Netzwerkebene kommt ihnen die Rolle zu, Dienste zu vermitteln, Schnittstellen zu gestalten, Informationen zu beschaffen und weiterzugeben, Treffen zu organisieren, zu moderieren, sie durchzuführen und mit Blick auf den Bedarf der Personen mit Unterstützungsbedarf verlässliche Strukturen und Prozesse auszuhandeln und zu vereinbaren. Die Hauptfunktion ist die des Vermittelns („*Broker-Funktion*").

Auf der Einzelfallebene lassen sich drei in der Haltung und in den Handlungsformen widersprechende Funktionen beziehungsweise Rollen ausmachen, die in einer Wertigkeit zueinanderstehen.

Vorrangig nehmen Case Manager:innen die Funktion beziehungsweise Rolle des Unterstützens ein („*Supporter-Funktion*"). Bildlich gesprochen stehen Sie im Rücken der Personen – geben Informationen, machen Ressourcen sichtbar und unterstützen Fähigkeiten – und stehen an der Seite der Personen, um sie bei allen Fragen zu begleiten. Hinter dieser Rolle stehen umfangreiche Beratungskonzepte. Der Prozess der Stärkung der Selbstbestimmung und Beteiligung lässt sich als Unterstützungsmanagement bezeichnen.

Nur da, wo Menschen die Hilfe nicht selber organisieren können (Subsidiaritätsprinzip), vertreten Case Manager:innen die Anliegen der Personen mit Unterstützungsbedarf und sind in Absprache fürsprechend beziehungsweise advokatorisch für sie tätig („*Advocacy-Funktion*"). Bildlich gesprochen stehen Case Manager:innen dann vor den Personen mit Unterstützungsbedarf. Sie „machen den Weg frei", räumen Barrieren weg, besorgen Bescheinigungen, führen mit zum Beispiel Kostenträgern Gespräche im Sinne der Personen und setzen sich stellvertretend für ihre Rechte ein. An dieser Stelle wird deutlich, wie wichtig die Rollenklarheit der Case Manager:innen ist. Eine große Gefahr besteht darin, Selbsthilfe zu verhindern, indem fürsorglich vorschnell durch die professionell Helfenden Lösungen vorweggenommen werden und Professionelle für die Personen tätig sind. Diese fordern die Aktivität der Helfenden mitunter auch massiv ein. Sich diesem, für alle einfacheren Weg in begründeten Situationen zu verweigern, ist nicht leicht, aber für eine dauerhafte Stärkung der Selbsthilfe, Selbstverantwortung und Selbstständigkeit notwendig. Gerade lösungsorientierte Sozialarbeitende stehen in der Gefahr, kümmernd vorschnell für Andere tätig zu sein und das Ziel der Selbsthilfe selber zu verhindern. Die Advocacy-Rolle ist gegenüber der Supporter-Rolle nachrangig.

In dem Spannungsfeld zwischen Personen mit Unterstützungsbedarf und dem von der Organisation übernommenen gesellschaftlichen oder wirtschaftlichen Auftrag gibt es noch eine weitere Funktion, die vor allem der Advocacy-Funktion diametral gegenübersteht. Case Manager:innen müssen auch die Berechtigung und das Ausmaß zustehender Hilfe prüfen. Bildlich gesprochen öffnen und schließen Sie die Türen der Hilfe („*Gate-Keeper-Funktion*"). Vor jeder Unterstützung müssen Sie häufig zunächst rechtliche Grundlagen prüfen und auch Grenzen setzen. Diese Funktion sorgt für Verlässlichkeit und Klarheit. Bildlich gesprochen werden der Boden und die Wände beziehungsweise die Grenzen, auf dem und in denen Hilfe stattfinden kann, bereitet. Als „gate keeper" üben Case Manager:innen eine prüfende Funktion aus und als Mitarbeiter:in einer Fachberatung stellen Sie sich advokatorisch der gate keeper-Funktion widersprechend den Grenzen von Kostenträgern gegenüber und setzen sich für die Möglichkeiten der Personen mit Unterstützungsbedarf ein (vgl. ausführlich vier Aufsätze von Wissert in der Zeitschrift Case Management von 2009 bis 2011).

Somit bereiten Case Manager:innen den „Boden" der Hilfe (Gate-Keeper), sie stehen im Rücken und an der Seite der Personen mit Unterstützungsbedarf (Supporter) und sie räumen gegebenenfalls vor ihnen stehend Barrieren beiseite (Advocacy). Zudem vermitteln Sie notwendige Hilfen (Broker).

Das *Spannungsverhältnis der Rollen* lässt sich nicht theoretisch auflösen, es ist komplex. In der Praxis ist wichtig, dass Case Manager:innen rollenklar und transparent agieren, um das Vertrauensverhältnis zu den Adressat:innen nicht unnötig zu irritieren. Es macht Sinn, die eigene Tätigkeit in jeder Situation zu erklären: Case Manager:innen überprüfen („Gate-Keeper"), nach der Prüfung unterstützen sie („Supporter") und in Absprache übernehmen Sie Aufgaben („Advocacy") und auf der Netzwerkebene vermitteln sie Dienste („Broker"). Jede/r Case Manager:in steht in dem Spannungsfeld aller vier Funktionen und Rollen. Auch Case Manager:innen bei Kostenträgern haben den Auftrag, unterstützend und gegebenenfalls advokatorisch tätig zu sein, und auch Case Manager:innen bei Fachdiensten beispielsweise der Wohlfahrtsverbände haben den Auftrag zu prüfen und gegebenenfalls „Türen zu schließen".

Aus diesen vier unterschiedlichen Funktionen und Rollen, die Case Manager:innen ausüben, ergeben sich auch unterschiedliche Case Management-Modelle auf der Organisationsebene. Implementierungsansätze bei Kostenträgern neigen häufig eher zu Gate-Keeper-Modellen, bei Wohlfahrtsverbänden kommt es häufig zu Supporter- und Advocacy-Modellen. Die organisationsbezogenen Aufträge widerspiegeln sich in den Case Management-Modellen – diese Tatsache ist verständlich und folgerichtig. Wichtig ist, dass der jeweilige Modellschwerpunkt bewusst und transparent gemacht wird. Es ist nicht unerheblich, welche Organisation mit welchem gesellschaftlichen Auftrag das Case Management maßgeblich trägt und durchführt.

1.9 Kompetenzen der Case Manager:innen und Ausbilder:innen

Die Kompetenzen, die Case Manager:innen benötigen, sind aufgrund der drei Ebenen, auf denen sie tätig sind, und der vier unterschiedlichen Rollen äußerst vielfältig. Case Management als Konzept ist offen für unterschiedliche erkenntnistheoretische und anthropologische Grundlagen, disziplinäre Ausrichtungen sowie unterschiedliche Methoden und Techniken.

Exkurs

Wir verwenden die Begriffe so, dass *Techniken beziehungsweise Verfahren* (zum Beispiel Feedback-Technik) Bestandteile unterschiedlicher *Methoden* (zum Beispiel Einzelfallarbeit, Gruppenarbeit) sind und diese wiederum Bestandteile von *Konzepten.* Konzepte sind immer handlungsorientiert, sie beziehen sich ihrerseits auf *Theorien* (Erkenntnistheorien, Anthropologien, Gesellschaftstheorien sowie Disziplintheorien). Theorien wiederum fließen als Grundannahmen in *empirische Forschung* (methodologisch ausgewiesene Aufnahme von Erfahrung(-swissen)) ein und greifen auf die Ergebnisse zurück, um möglichst gültig für Lebensrealität zu sein (vgl. Mennemann, Dummann 2022, S. 21).

Case Management bezeichnen wir daher als (Handlungs-)Konzept, weil es einerseits unterschiedliche Methoden und Techniken beinhaltet – es stellt eine Zusammenschau unterschiedlicher Methoden dar, ein Methodenset –, die seitens des Konzeptes nicht festgelegt sind, sondern die/den Case Manager:in als verantwortlich professionell Handelnde:n einfordern, und andererseits auf unterschiedliche theoretische Grundlagen basiert. Diese vielfältige theoretische (u.a. disziplinbezogene) und methodische (u.a. professionsbezogene) Anschlussfähigkeit führt im Ergebnis zu differenten Case Management-Modellen in der Praxis. Diese Vielfältigkeit ist mit Blick auf die unterschiedlichen Bedingungen in der Praxis, in den unterschiedlichen Regionen, Organisationen und Handlungsfeldern nicht nur gewollt, sondern auch notwendig.

Aufgrund der Offenheit sollen im Folgenden im Überblick Kompetenzbereiche genannt werden (vgl. Löcherbach et al. 2018, S. 238 ff.). Die Einteilung könnte auch anders gewählt werden und die Auflistung ist nicht abgeschlossen.

- *Wissen und Handlungsformen auf der Netzwerkebene:* kulturelles Wissen, Rechtswissen, Infrastruktur- und Versorgungsstrukturkenntnisse, allgemeines Organisationswissen, Fähigkeit zur multidisziplinären Zusammenarbeit, Netzwerkmanagement (Networking), Koordinationskompetenz, Verhandlungsführung, Leitungserfahrung, Gruppenarbeit

Wissen und Handlungsformen auf der Organisationsebene: Verwaltungswissen, Wissensmanagement, Change Management, Sozialmanagement, Qualitätsmanagement, Personalmanagement, Beschwerdemanagement, Coaching, Supervision

- *Wissen und Handlungsformen auf der Einzelfallebene:* Handlungsfeldwissen, Verfahrenskompetenz Case Management, Einzelfallberatung, handlungsfeldspezifische Kommunikation, einzelfallbezogene Beratungskompetenz: Lösungsorientierung, Motivationsförderung, Systemik
- *Allgemeine Methodenkompetenzen:* Allgemeine Kommunikationskompetenz, Haltungskompetenz, Prävention, Evaluationswissen, Medienkompetenz, EDV-Kompetenz, kooperative Handlungskompetenz, Rollenspielkompetenz, Moderation, Mediation, Lehr- und Schulungskompetenz (agogische Kompetenz, also Menschen führen können, Didaktik, Vorträge, Seminare, Gruppenarbeit, Einzelfallarbeit), Konzeptformulierung, Schreibkompetenz

Personenbezogene Kompetenzen (Selbst- und soziale Kompetenzen): Selbstsicherheit und -bewusstsein, Authentizität, Offenheit, Kontaktfähigkeit, Beziehungskompetenz, (Selbst-)Reflexionskompetenz, Strukturierungskompetenz, Selbstorganisation, Zeitmanagement, Kritik- und Konfliktfähigkeit, Belastbarkeit, analytische und planerische Fähigkeiten, Strukturierungsfähigkeit, Urteilsbildung, Rollenperformanz, Handlungsorientierung.

Die Vielfältigkeit der genannten Kompetenzbereiche unterstreicht die differente Tätigkeit auf den drei Ebenen (Einzelfall, Organisation und Netzwerk) und die unterschiedlichen vier Rollen, die im Case Management relevant sind. Case Management ist als Handlungskonzept zu denken, das das regionale Versorgungsgefüge und die Organisation verändert. An der Umsetzung sind viele Personen in unterschiedlichen Rollen und mit unterschiedlichen Kompetenzen beteiligt. Es ist nicht notwendig und sinnvoll, die Kompetenzen mit Blick auf eine Person zu denken. Die Schulungen im Bereich Case Management können und wollen gar nicht alle Kompetenzbereiche differenziert vermitteln, und das ist auch nicht notwendig. Vielmehr baut Case Management auf vorherige Ausbildungen und gegebenenfalls Studienabschlüsse auf.

Case Management ist theoretisch (u.a. disziplintheoretisch) und methodisch (u. a. professionsbezogen) vielfältig anschlussfähig. Es ist nicht sinnvoll, grundsätzlich nach der geeigneten Disziplin und Profession für die Umsetzung von Case Management zu suchen. Die Frage stellt sich nur konkret den implementierenden Organisationen. Organisationen mit dem gleichen Auftrag können unterschiedliche Professionsanbindungen präferieren. Beispielsweise kann Case Management im Krankenhaus beim Sozialdienst verortet sein, bei der Pflegedirektion oder zum Beispiel auch als Stabsstelle.

Die theoretische und methodische Offenheit lässt unterschiedliche Modelle in den Regionen und Organisationen zu. Das macht eine Implementierung und Inhouse-Schulung interessant und zu einem steten Lernfeld. In Inhouse-Schulungen kommt es darauf an, dass das Konzeptwissen von den Verantwortlichen der Organisation mit Blick auf die Besonderheiten und Spezifika vor Ort umgesetzt wird. Die Ausbilder:innen können nicht die Lösungen für die Organisationen vorab wissen.

Implementierer:innen sollten alle für die Case Manager:innen beschriebenen Kompetenzen aufweisen: Netzwerke aufbauen können, Organisationen auf allen Hierarchieebenen beraten können, Handlungsfeldwissen haben sowie Methoden-, Sozial- und Selbstkompetenzen anwenden können.

Case Management zielt in Organisationen in der Regel auf eine Haltungsänderung: von einer Organisations- und Angebotsorientierung hin zu einer flexiblen Orientierung am individuellen Bedarf der Personen, die professionelle Hilfe benötigen. Dies setzt voraus, dass Ausbilder:innen insbesondere bei Inhouse-Schulungen die je spezifischen Besonderheiten der Organisation im Blick haben. Dazu gehören unterschiedliche Organisationstypen, unterschiedliche Hierarchieebenen, der organisationsbezogene Zweck und Auftrag, die Leitungs- und Organisationskultur, offene und verdeckte Konflikte. Die Inhouse-Schulungen werden auch durch die Zusammensetzung der Gruppe der Teilnehmenden beeinflusst. Treffen unterschiedliche Hierarchieebenen aufeinander, entsteht eine andere Dynamik, als wenn sich alle Teilnehmenden auf der gleichen Hierarchieebene befinden. Es ist auch von Bedeutung, welches Anliegen die Teilnehmenden haben, welche Kulturerfahrungen sie mitbringen und welches Sozialverhalten sie zeigen. Fragen der Konzeptebene werden relevant, da es einen Unterschied ergibt, ob Case Management im Rahmen des Qualitätsmanagements umgesetzt wird, oder eher nicht. Dies gilt auch für die Beziehungsebene und Fragen der Selbstreflexion, Wirkkraft der Ausbilder:innen und der Fähigkeit, konstruktiv miteinander zu arbeiten. Die Haltungsebene spielt eine wichtige Rolle. Es ist zu klären, welche anthropologischen Grundverständnisse vorliegen, wie die Haltungen der Fachkräfte zu den Personengruppen mit Unterstützungsbedarf und zueinander sind. Dabei sind insbesondere bewusste oder unbewusste Abwertungshaltungen relevant und aufzuklären.

Aus der Erfahrung heraus sind das Verstehen und Erreichen der Grundhaltungen prioritär, obwohl diese nicht explizit geschult werden können. Die methodische und technikbezogene Anwendung ist in der Regel recht leicht, wenn sich Haltungen ändern sowie die Grundlagen und die Wirkkraft von Case Management als bedarfs- und personenorientiertes Handlungskonzept begriffen sind. Eine Grundhaltung und ein Grundverständnis bestimmen maßgeblich die Relevanz von Inhalten, die sich in Strukturen und schließlich in konkreten (Arbeits-)Prozessen niederschlagen: Formen folgen ihren Funktionen. In diesem Fall folgen Prozesse den Strukturen und Strukturen folgen dem Auftrag und den Haltungen. Eine Case Management-Schulung setzt die Fähigkeit der Schulenden voraus, Bewusstseins- und Handlungsformen der Teilnehmenden am Schulungs- beziehungsweise Implementierungsprozess zu verstehen und Rahmenbedingungen für Veränderungen zu erzeugen. Insofern ist Case Management ein Handlungskonzept, das agogische Fähigkeiten der Implementierer:innen voraussetzt.

Da Case Management in Organisationen implementiert wird, sind die Garanten für Qualität die in den Schulungen anwesenden Leitungskräfte beziehungsweise Steuerungsgruppen, die in der Organisation zusammen mit operativen Arbeitsgruppen implementiert werden.

1.10 Ethische Grundlagen

Über mehrere Jahre wurden in einer Arbeitsgruppe der Deutschen Gesellschaft für Care und Case Management ethische Grundlagen erarbeitet, die schließlich von den Vereinsmitgliedern verabschiedet wurden. Dabei wurden viele Wege gegangen, die wieder verworfen wurden. Es ist nicht leicht, allgemeingültige ethische Grundlagen, also Grundlagen guten und richtigen Handelns, zu formulieren. Die schließlich formulierten ethischen Grundlagen sind dem Grundsatz nach übertragbar auf andere Konzepte und Methoden.

Jedes professionelle, gedankliche Handlungswerkzeug hat Einfluss auf soziale Wirklichkeit. Es kann verantwortungsbewusst sinnvoll und auch missbräuchlich zum Schaden für die Menschen, die Hilfe benötigen, eingesetzt werden. Kommunikationstechniken können beispielsweise auch bewusst oder unbewusst zum Selbstschutz der Helfenden und zur Argumentation einzig im Sinne der (bewussten) Ziele (und unbewussten Interessen) der Helfenden eingesetzt werden. Ethische Grundlagen sind Verpflichtungen, Hinweise und Anregungen für professionell Beratende, sich verantwortungsvoll ihrer Autonomie in der Beratung und der Abhängigkeit der Personen mit Unterstützungsbedarf zu stellen. Sie sind keine Checkliste, kein Ratgeber, der unmittelbar umgesetzt werden kann.

Die Erarbeitung ethischer Grundlagen für Case Management lag nahe, weil das Konzept auf Standardisierung der Dokumentation und in der Folge auf Sammlung und Auswertung personen- und maßnahmenbezogener Daten setzt. Zudem wird mit der Anwendung von Case Management nicht negiert, dass Organisationen wirtschaftlich handeln müssen und ihre Mitglieder für diese möglichst wenig Abgaben leisten wollen. Dies gilt aber auch auf gesellschaftlicher Ebene beispielsweise für Sozialversicherungsbeiträge, Steuern oder auch für die Beiträge zu Versicherungen. Case Management wird stets mit Blick auf die unterschiedlichen Spannungsfelder umgesetzt. Die Gefahr, die Menge an personen- und maßnahmenbezogenen Daten missbräuchlich in einem rein ökonomischen Sinne anzuwenden, ist real gegeben. Zugleich greift die Kritik an Case Management, es sei ein „neoliberales“ oder ein „ökonomistisches“ Konzept, viel zu kurz. Mit dieser einseitigen, polemisierenden Kritik werden wichtige, personenorientierte Hilfeformen verhindert. Zudem besteht die Gefahr, stets vorhandene ökonomische Interessen der Träger Sozialer Arbeit und der Gesellschaft auszublenden und sich dieser Verantwortung nicht zu stellen.

Seit der Aufklärung werden Menschen als Subjekte begriffen. Damit wird ihnen unabhängig von Geschlecht, Alter und Erkrankung die Fähigkeit zugesprochen, sich zu der Umwelt zu verhalten. Das den Menschen Zugrundeliegende (lat. subiectum) ist vor allem die Vernunft. Mittels dieser kann jedes Gegenüber als Objekt begriffen werden. In der tätigen Auseinandersetzung mit der Umwelt bilden sich spezifische Bewusstseins- und Handlungsformen aus. In Differenzsituationen, in denen das Bewusstsein und die Handlungsformen den gestellten Anforderungen in der Umwelt nicht entsprechen, verändert entweder der Mensch die Umwelt oder der Mensch verändert sich selbst. Die jeweilige Art und Weise, in der Welt zu sein, kennzeichnet den Subjektivitätsstil. Während allen Menschen der Subjektstatus zugesprochen wird, ist der Subjektivitätsstil unterschiedlich. Mit dem Subjektbegriff denken wir den Menschen immer in Auseinandersetzung mit der Umwelt. Dabei gehen wir davon aus, dass die Bedeutung von Wirklichkeit individuell verschieden aufgrund von Vorerfahrungen und unterschiedlichen Wahrnehmungen konstruiert wird. Biographische Prägungen und auch Abhängigkeiten von sozialen Beziehungen (systemisches Denken) prägen die Wahrnehmung und die Bewertungen von Wirklichkeit, die individuell unterschiedlich sind. Für die Kommunikation im Hilfeprozess ist das Wissen bedeutsam, dass der andere Mensch Wirklichkeit anders sieht und deuten wird. Dieser ist und bleibt anders. Vorwegnahmen von Lösungen durch Helfende treffen häufig nicht die Bedürfnisse der Personen mit Unterstützungsbedarf. Ein Verstehen der Hilfesituation anderer Menschen ist immer nur in Annäherungen möglich und muss rückgekoppelt werden, damit eine möglichst große Gemeinsamkeit in der Deutung der Situationen und den Lösungsmustern entsteht.

Sowohl das eigene Leben als auch soziales Miteinander ist stets in eine Ungewissheit und Unvorhersehbarkeit eingelassen. Die Frage nach der Sicherheit, dem verlässlichen Halt, stellt sich permanent. Der Halt von Menschen drückt sich in Ihrer Haltung anderen Menschen gegenüber aus. Halt kann gesucht werden in Gesetzen und Regeln, Verfahrensvorschriften und Instrumenten sowie auch in Wertorientierungen, die verlässlichen Halt geben. Diese drücken sich in der Kultur von Organisationen und auch im Verhalten professionell Helfender aus. Die Frage nach den Grundwerten, dem „Halt-Gebenden", ist eine grundlegende, weil Wahrnehmungs-, Bewusstseins- und Handlungsprozesse von ihr abhängen. Zugleich ist der eigene Halt häufig erworben und unbewusst. Er kann weder abschließend definiert und als sichere Grundlage sozialen Miteinanders festgehalten, noch kann der Halt als solcher beobachtet werden, und zudem kann er nur schwer besprochen werden. Vielmehr lassen sich Verhaltensformen, denen ein Halt mit Werten zugrunde liegt, beobachten. In Inhouse-Schulungen ist die Haltungsebene eine zentrale, die aber in der Regel nicht eigens besprochen wird, vielmehr ist ein Ziel zu ermöglichen, dass die Teilnehmenden ihren eigenen Grundhaltungen näherkommen und berührt sind im Kontakt mit sich selbst. In der Folge der lebensweltorientierten Phänomenologie hat der jüdische Philosoph Emmanuel Lévinas, der die Gräuel des Nationalsozialismus erlebt hat, die subjektorientierte Philosophie bzgl. ihrer Denkrichtung umgekehrt. Seine Forderung ist, die Würde des Menschen nicht von Kriterien eines denkenden Subjekts aus zu formulieren, sondern von der uneinholbaren Andersheit des Anderen. Der Andere bleibt aufgrund seiner Biographie, seiner Art und Weise, sinnorientiert in der Welt zu sein, anders, letztlich nicht verstehbar. Die ethische Forderung von Lévinas, die sich als Grundannahme professioneller Beratung anbietet, kann wie folgt zusammengefasst werden: Verantwortung erwächst Beratenden aus der Anerkennung der Andersheit der Ratsuchenden (vgl. Lévinas 1995)

Da der andere Mensch als Subjekt letztlich in der Verantwortung steht und frei ist, Hilfe anzunehmen oder abzulehnen, besteht die vorrangige Einflussgröße der Veränderung in der Umweltgestaltung, nicht in der direkten Einflussnahme auf den anderen Menschen – im Rahmen des Case Managements vor allem durch Hinzunahme bedarfsgerechter Dienste.

Der Subjektbegriff ist Ausgangspunkt ethischer und fachlicher Leitsätze sowie Grundlagen. Da die ethischen Grundlagen an anderer Stelle ausführlich erläutert werden, werden im Folgenden die Systematik und die Oberbegriffe genannt und kurz erläutert (vgl. Deutsche Gesellschaft für Care und Case Management 2020).

1.11 Leitsätze

Zunächst stellen die Leitsätze fachliche und ethische Grundlagen des Handlungskonzeptes sicher. Leitsätze können mit Blick auf die Person mit Unterstützungsbedarf, die Fachlichkeit sowie gesellschafts- und sozialpolitische Ordnungsgesichtspunkte formuliert werden:

Leitsätze mit Blick auf die Personen mit Unterstützungsbedarf

- *Personenorientierung* meint die konsequente und prioritäre Ausrichtung des Hilfeprozesses an dem Bedarf der Person, die professionelle Hilfe benötigt.
- *Lebensweltorientierung* ist ein philosophisch und soziologisch unterschiedlich definierter Begriff sowie die Bezeichnung eines sozialpädagogischen Handlungskonzeptes. Gemeint ist hier die Berücksichtigung der Person in ihrem Alltag mit allen bewussten und vor allem auch unbewussten Denk- und Verhaltungsformen mit Blick auf die Anforderungen der Umwelt.
- *Mehrdimensionalität der Menschen* bezieht sich auf die unterschiedlichen, den Menschen ausmachenden Dimensionen: Körper, Denken, Fühlen, Soziales, Spirituelles beziehungsweise sinnorientierte Ausrichtung im Leben.
- *Ressourcenorientierung* lenkt den Blick von den erkannten Defiziten auch auf die Fähigkeiten, Wünsche und Unterstützungsmöglichkeiten im Umfeld. Häufig können Hilfesituationen über ein Hervorholen oder Bestärken der Ressourcen besser geklärt werden als über die Fokussierung auf Probleme.
- *Empowerment* ist ein Handlungsansatz, der den Zweck der Hilfe unterstreicht: Personen mit Unterstützungsbedarf sollen in ihre eigene Kraft kommen und die helfenden Expert:innen sollen sich weitestgehend zurückhalten beziehungsweise sich in den Dienst stellen, den Anderen Kraftquellen zu erschließen.

Allgemeine Leitsätze

- *Interprofessionalität* meint, dass komplexe Hilfesituationen nur gemeinsam durch integrierte Zusammenarbeit (nicht nur eine additive nach- oder nebeneinander geschaltete Arbeit) gewinnbringend bearbeitet werden können.

- *Neutralität* ist nicht gegeben, aber ein Annäherungsbegriff. Er verweist darauf, dass die professionell Helfenden sich so weit wie möglich an dem Bedarf der Personen, denen sie Hilfe zukommen lassen, orientieren. Das setzt voraus, aktiv zuzuhören, eigene (Wert-)Vorstellungen sowie Interessen und Vorgaben der Organisation zurückzustellen.
- *Effektivität* bezeichnet die Wirksamkeit, das Verhältnis von definiertem zu erreichtem Ziel. Im Case Management wird angestrebt, realistische Ziele zu benennen und diese auch zu erreichen.
- *Effizienz* zielt auf das Verhältnis von dem, was eingesetzt wird (Input, Energie, Zeit), zu dem, was als Ergebnis erzielt wird (Output). Im Case Management soll der Einsatz von Mitteln dem Ziel gegenüber angemessen sein.
- *Leistungstransparenz* zielt sowohl auf soziale Gerechtigkeit und eine angemessene Verteilung von Gütern als auch auf eine Transparenz über den gesamten Hilfeprozess gegenüber der Person mit Unterstützungsbedarf, weil diese letztlich in der Souveränität und Aktivität der Gestaltung bleibt.

Leitsätze zu gesellschafts- und sozialpolitischen Ordnungsgesichtspunkten:

- *Nachrangigkeit (Subsidiarität)* steht im Case Management vor allem für den Vorrang der Selbsthilfe vor der Unterstützung zur Selbsthilfe und vor der Abnahme von Aufgaben.
- *Welfaremix* bezeichnet das wohlfahrtsstaatliche Zusammenkommen von informellen Hilfen (Familienhilfe, Nachbarschafts- und Freundschaftshilfe (primäre Netzwerke), Selbsthilfegruppen und Freiwilligendiensten (sekundäre Netzwerke) und professionell Helfenden (tertiäre Netzwerke). Im Case Management werden vor allem die informellen Hilfen im Serviceplan berücksichtigt.
- *Personenorientierung vor Angebotsorientierung und Trägerinteressen* betont die Ausrichtung des gesamten Hilfeprozesses am Hilfebedarf.
- *Ambulant vor teilstationär vor stationär* ist eine sozialpolitische und rechtlich fixierte Handlungsgrundlage. Sie wird im Case Management durch die Vermittlung von Diensten im Einzelfall unterstützt. Case Management greift damit vorrangig (und zugleich nicht nur) im ambulanten Bereich.

Ethische Grundlagen knüpfen zunächst an allgemeine Grundsätze an. Im Anschluss werden grundlegende und ethische Werte von Pflichten und Orientierungen in Dilemmasituationen unterschieden.

Allgemeine ethische Grundsätze

- Würde und Integrität aller Menschen achten
- Einzigartigkeit aller Menschen achten
- Gleichheit und soziale Gerechtigkeit herstellen
- Selbstbestimmung (Freiheit) aller Menschen achten
- Selbstbefähigung, Entwicklung und Gesundheit fördern
- Teilhabe am gesellschaftlichen Leben durch Integrations- und Inklusionsmaßnahmen
- Schutz aller Menschen sichern
- Vertraute und gewollte Lebensorte sichern

Als *spezifische ethische Werte* werden für das Case Management die Folgenden herausgestellt:

- *Autonomie:* Selbstbestimmung in allen persönlichen Fragen respektieren und Handeln nach persönlichen Zielen fördern

- *Toleranz:* andere Normen, Denk- und Handlungsweisen mit Blick auf Religion, Nationalität, kulturellem Hintergrund, Geschlecht und Alter respektieren

- *Gerechtigkeit:* vergleichbare Zugänge, Maßstäbe und Mittel für alle

- *Schaden vermeiden:* ungerechtfertigte Belastungen und Risiken bei weitestgehender Unterstützung vermeiden sowie mögliche finanzielle, psychische, soziale, körperliche Folgen abwägen und nach Möglichkeit abwenden

- *Nachhaltigkeit:* mehrdimensionales, langfristiges, vernetztes und lebensweltorientiertes Denken sowie ein solidarischer Umgang mit begrenzten Ressourcen, eine effektive und effiziente Unterstützung

Zu beachten ist, dass die Werte im Case Management stets in einem Spannungsverhältnis stehen zwischen Person mit Unterstützungsbedarf, Organisation, Netzwerk und Öffentlichkeit.

Pflichten

- *Transparenz:* Offenlegung und Bereitschaft zur Überprüfung der Rahmenbedingungen, Absichten und Handlungen sowie Erkennbarkeit und Nachvollziehbarkeit professionellen Handelns
- *Fachliche Verantwortung:* Einsatz begründbarer und abgesicherter Methoden sowie eine fortlaufende Qualifizierung
- *Partizipation:* Ermöglichung aktiver Mitwirkung und Mitbestimmung am Gesamtprozess

Die drei Pflichten sind von Case Manager:innen stets zu erfüllen. Ethisches Handeln wird vor allem in Dilemmasituationen relevant. Da Case Manager:innen mit diesen konfrontiert sind, sollen die folgenden Hinweise zu guten Entscheidungen helfen.

Orientierung in Dilemmasituationen

- *Besonnenheit:* Sich in schwierigen Situationen für abgewogene Entscheidungen Zeit und Freiheit nehmen; Ideen anderer einholen und auf eigene grundlegende Überzeugungen und Bewertungen zurückgreifen.

- *Für sich sorgen:* Eigene Ressourcen und Grenzen erkennen; eine Stimmigkeit des Austauschprozesses von Geben und Nehmen erzielen; einen Freiraum der Entscheidung für sich bewusst gegen Fremdbestimmung schaffen sowie Rahmenbedingungen mitgestalten.

- *Wahrhaftigkeit:* Selbstreflexion (gegebenenfalls auch professionell herstellen); eine sich selbst erkennende Haltung mit Blick auf Gedanken, Gefühle und Körperreaktionen einnehmen; Unstimmigkeiten zwischen Zielen/Idealen und Wirklichkeit erkennen und benennen.

Die hier aufgezählten ethischen Grundlagen sind für alle Case Manager:innen nach den Richtlinien der Deutschen Gesellschaft für Care und Case Management verpflichtend.

Zusammenfassend lässt sich festhalten, dass Case Management ein auf den Ebenen der Haltung des Einzelnen bzw. der Kultur der Organisation sowie der Handlungsformen des Einzelnen bzw. der Strukturen und Prozesse der Organisationen veränderndes, umfangreiches und anspruchsvolles Handlungskonzept ist. Case Management ist eine Reaktion auf komplexe Hilfesituationen und ausdifferenzierte Helfersysteme. Es verbindet drei Ebenen personen- und bedarfsorientiert miteinander: die Einzelfall-, die Organisations- und die Netzwerkebene. Vor allem trägt Case Management zu einer Gestaltung und personenorientierten Veränderung von Organisationen und dem regionalen Versorgungsgefüge bei. An diesem Prozess sind unterschiedliche Professionen mit unterschiedlichen Kompetenzen an unterschiedlichen Stellen beteiligt. Case Management-Schulungen als Inhouse-Schulungen konzipiert sind zugleich eine Organisationsberatung, die vielfältige Kompetenzen voraussetzt. Da Case Management auf einen klaren Prozessverlauf mit standardisierten Dokumentationsinstrumenten setzt, die auch missbräuchlich, zum Beispiel rein ökonomisch, verwandt werden können, basiert Case Management auf umfangreichen ethischen Grundlagen, die die Bedarfs- und Personenorientierung festlegen und die auch Leitungskräfte in Organisationen und Netzwerkpartner in die Pflicht nehmen sowie Case Manager:innen schützen und in Dilemmasituationen Hinweise geben.

2 Organisationsebene

In allen Teilsystemen der Gesellschaft, sei es Wirtschaft, Politik, Bildung, Kultur, Sport, Recht oder Wissenschaft, finden sich Organisationen. Im Prinzip lassen sich grob zwei Grundtypen formaler Organisationen unterscheiden. Es gibt zwar Mischformen, aber für den Überblick ist es einfacher, Arbeitsorganisationen und Interessenorganisationen zu unterscheiden (vgl. Schimank 2010, S. 39).

In Interessenorganisationen werden von Personen mit gemeinsamen Interessen freiwillig Ressourcen zusammengelegt. Dieses Zusammenlegen von Ressourcen findet sich vor allem bei Vereinen, aber auch bei politischen Parteien. Die Bündelung in einer Interessenorganisation soll die Einflusspotentiale des Einzelnen erhöhen. Das dies gut gelingen kann, lässt sich bei Förder-, Kunst-, Umwelt- oder Sportvereinen beobachten. Oft werden diese Interessenorganisationen „Bottom-up" bzw. „von unten" aufgebaut. Der Bundesfachverband Betriebliche Soziale Arbeit ist zum Beispiel eine solche Interessenorganisation, die gemeinsam von den Fachkräften der Betrieblichen Sozialen Arbeit im Jahre 1994 gegründet worden ist, um die Ressourcen der Betrieblichen Sozialen Arbeit zu bündeln und die gemeinsamen Interessen zu vertreten. Dies gilt auch für die Deutsche Gesellschaft für Care und Case Management als gemeinnütziger Verein.

Davon zu unterscheiden sind Arbeitsorganisationen. Hier werden unterschiedlich wichtige gesellschaftliche Leistungen produziert, angefangen von Gütern und Dienstleistungen in Unternehmen über kollektiv bindende Entscheidungen in Verwaltungen bis hin zu Schulen, Krankenhäusern, Polizei oder Bundeswehr. Die Leistungen der Organisation werden, anders als bei Interessenorganisationen, eher „top-down" bzw. „von oben" konstituiert. Hier geht es weniger um eine Übereinstimmung, sondern eher um eine wechselseitige Ergänzung von Interessen. Für die Realisierung des Zweckes werden Mitglieder benötigt, die mitarbeiten. Im Gegensatz zu der Interessenorganisation geschieht dies in Arbeitsorganisationen nicht überwiegend freiwillig und aus intrinsischer Motivation, sondern vor allem weil Geld als Gegenleistung angeboten wird.

Arbeitsorganisationen lassen sich von den Interessenorganisationen häufig vor allem durch Lohnarbeit, die in einem Dienst- oder Arbeitsvertrag geregelt wird, unterscheiden. Dabei lässt sich die konkrete Leistung einer Person in einem Arbeitsvertrag, anders als in einem Werkvertrag, nicht genau bestimmen. Das ist eine Indifferenzzone (vgl. Barnard 1938, S. 167), die Arbeitsorganisationen zum einen eine große und wichtige Flexibilität des Arbeitseinsatzes ermöglicht. Zum anderen führt die Lohnarbeit zu einer chronischen Geldabhängigkeit der Organisationsmitglieder, um diese zu halten, aber auch zu einer chronischen Geldabhängigkeit der Organisationen (vgl. Schimank 2010, S. 33).

Die Mitglieder der Organisation erfahren Arbeit als Möglichkeit, den Lebensunterhalt zu bestreiten und Eigentum zu generieren (vgl. Luhmann 1988, S. 212). Sie suchen daher nach Stellen in einer Organisation, wo sie möglichst langfristig Geld verdienen können. Im besten Fall decken sich die Ziele der Organisation mit ihren Neigungen und Eignungen. Als Mitglieder der Organisationen müssen sie sich den formalen Konformitätserwartungen unterwerfen, da vertane Karrierechancen und Kündigungsdrohungen die Geldbeschaffung beinträchtigen können. Damit können „eigensinnige Individuen“ domestiziert (ebd.) werden.

Diese regelmäßigen Geldzahlungen muss die Organisation leisten können. Die Unternehmen im Wirtschaftssystem ermöglichen dies durch eine gewinnorientierte Tätigkeit, wie zum Beispiel den Verkauf von Gütern und Dienstleistungen.

Ministerien, Verwaltungen, Hochschulen und Krankenhäuser haben weitere Optionen der Geldbeschaffung. Zum einen können staatliche Leistungen oder Versicherungsleistungen einer Solidargemeinschaft herangezogen werden, aber auch die Nutzenden können bezahlen. Studierende können Studiengebühren abführen, Kranke oder Pflegebedürftige für bestimmte zusätzlichen Leistungen zahlen und Bürger:innen zum Beispiel über Gebühren an die Kosten der Straßenreinigung beteiligt werden. Die Geldzahlungen werden nicht für den Gewinn, sondern für eine Kostenbeteiligung benötigt (vgl. Schimank 2010, 34 ff.). Auch hier zeigen sich Mischformen, da etwa viele Wirtschaftsunternehmen auch staatliche Subventionen oder Kredite in Anspruch nehmen.

Dieser chronische Geldbedarf führt dazu, dass Arbeitsorganisationen aus allen Teilbereichen der Gesellschaft wirtschaftlich verantwortlich handeln müssen.

Im Wirtschaftssystem wird Geld als symbolisch generalisiertes Kommunikationsmedium verwendet. Geld ist sachlich, global und sozial universell einsetzbar. Luhmann stellt fest: „Wirtschaft ist ein funktionsspezifisches, gleichwohl aber universelles, bis in die hintersten Winkel durchgreifendes Teilsystem der Gesellschaft“ (vgl. Luhmann 1981, S. 401). Er fragt, ob sich durch die Geldabhängigkeit der Organisationen nicht eine latente Dominanz der Wirtschaft in der modernen Gesellschaft durchsetzt (ebd.). Diese Dominanz äußert sich in Wirtschaftlichkeitsvorgaben, Sparzwängen und einer strikten Auswahl, welche Kosten zwingend sind und welche nicht.

An diesem Punkt berichten Fachkräfte häufig, dass bei jedem neuen Wechsel in der Organisationsleitung geprüft wird, ob und wenn ja, welchen Mehrwert das freiwillige Angebot der Betrieblichen Sozialen Arbeit für die Organisation hat. Die Frage nach den Kosten stellt sich auch im Zusammenhang mit der Entscheidung für oder gegen die Umsetzung des Case Management-Handlungskonzeptes. Die Qualifizierung der Fachkräfte nach den Standards der Deutschen Gesellschaft für Care und Case Management kostet Zeit und Geld. Zudem führt die Implementierung von Case Management auch zu organisationsinternen Anpassungsnotwendigkeiten, die teilweise leicht, teilweise aber auch nur schwer umsetzbar sind. Die Umsetzbarkeit hängt sehr von der organisationalen Anbindung der Betrieblichen Sozialen Arbeit ab. Diese stellt sich in der Praxis sehr heterogen dar.

2.1 Organisationsformen Betrieblicher Sozialer Arbeit

Das zentrale Unterscheidungsmerkmal besteht darin, ob die Fachkraft für Betriebliche Soziale Arbeit Mitglied in der gleichen Organisation ist wie die Adressat:innen. So stellen große Unternehmen, Ministerien, Universitäten, Polizeibehörden, die Bundeswehr oder Kommunen eigene Fachkräfte ein, die als Berufsgeheimnisträger qualifiziert sind (S. Klein, Schermaier-Stöckl 2021, 81 ff.), da diese die eigene Organisation und die damit verbundenen Eigenheiten gut kennen. Für kleinere oder mittelgroße Organisationen stellt sich die Frage, ob sich die Einstellung interner Fachkräfte rentiert. Dies hängt davon ab, wie viele Anfragen durchschnittlich im Jahr zusammenkommen. Kleine und mittelständische Unternehmen vereinbaren daher häufiger eine pauschale oder anlassbezogene Einbindung externer Fachkräfte der Betrieblichen Sozialen Arbeit.

Ein zweites wichtiges Unterscheidungsmerkmal lässt sich in der Struktur der Organisation finden. So können Organisationen eher zentral oder eher dezentral aufgebaut sein. Es ist in der Arbeit ein großer Unterschied, ob ein Unternehmen in ganz Deutschland, in Europa oder in der ganzen Welt Standorte hat, oder ob überwiegend alles in einer Region angeboten wird.

Aus diesen beiden zentralen Unterscheidungsmerkmalen ergeben sich vier mögliche Typen der organisatorischen Anbindung der Betrieblichen Sozialen Arbeit. Diese sind idealtypisch und könnten noch weiter unterteilt werden. Für die zu klärenden Fragen, bezogen auf die Implementierung von Case Management, erscheint diese vereinfachte Darstellung in Abbildung 7 allerdings ausreichend.

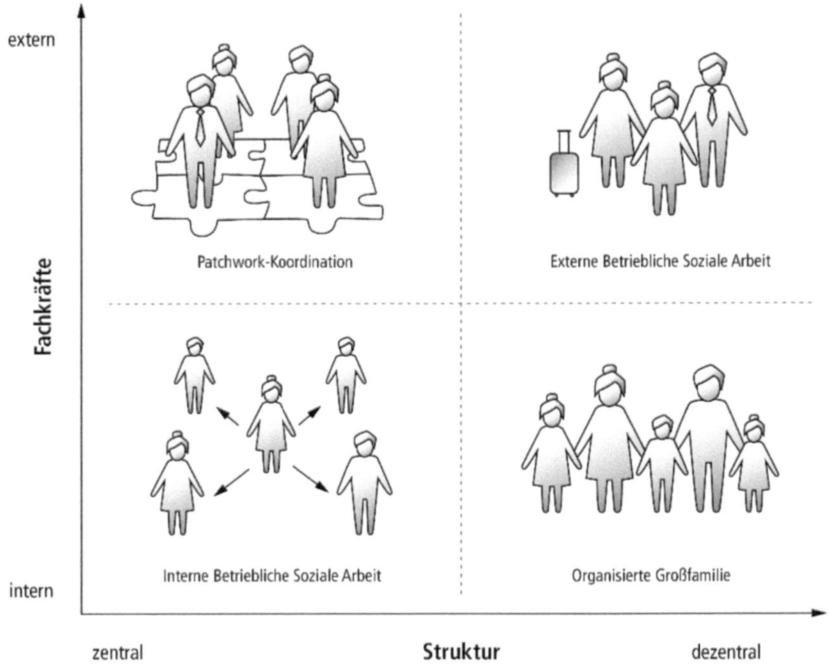

Abb. 7: Typen Betrieblicher Sozialer Arbeit

Es gibt zwei Varianten der internen Betrieblichen Sozialen Arbeit. Die klassische Variante besteht aus internen hauptberuflich tätigen Fachkräften der Betrieblichen Sozialen Arbeit. Die Anzahl der Vollzeitstellen hängt von der Größe der Organisation ab und variiert von einer bis weit über hundert Stellen bei der Bundeswehr. Die Fachkräfte der internen Betrieblichen Sozialen Arbeit weisen in der Regel sehr gute Kenntnisse der Organisationsgeschichte, der Organisationsstruktur, der Organisationskultur und auch der Entwicklungsprozesse in der Organisation auf und ermöglichen durch die Festanstellung Kontinuität und Vertrauen.

Um Interessenskonflikte zu vermeiden, sollte die organisatorische Anbindung der internen Betrieblichen Sozialen Arbeit Neutralität ermöglichen. Die Betriebliche Soziale Arbeit arbeitet personenorientiert und ist Mittler zwischen den Interessen der Leitungsebene und den Interessen der Interessenvertretungen, seien es Personal-, Betriebsrat oder die Mitarbeitendenvertretung. So können Organisationsmitglieder mit den unterschiedlichsten Interessen aus allen Bereichen und allen Hierarchieebenen in der organisationseigenen Terminologie miteinander reden, ohne Zeit für eine Vorverständigung zu verlieren. Kurze Kommunikationswege und bekannte Abkürzungen in der Hierarchie ermöglichen Lösungen, Verbesserungen und Veränderungen in der Organisation.

Die zweite Variante wird als „Organisierte Großfamilie" bezeichnet. Dabei ist zu beachten, dass der Begriff Großfamilie nicht Organisation und Familie, oder familiengeführten Organisationen, gleichsetzt. Der Begriff bezeichnet eine Kombination aus hauptberuflicher interner Betrieblicher Sozialer Arbeit und weiterer Unterstützung, die von der Organisation selbst geleistet wird. Die interne Fachkraft für Betriebliche Soziale Arbeit erhält von anderen Mitarbeitenden der Organisation, die keine Fachkräfte der Betrieblichen Sozialen Arbeit sind, Unterstützung vor Ort. Diese Mitarbeitenden werden häufig als soziale oder als kollegiale Ansprechpersonen bezeichnet. Sie ermöglichen gerade bei dezentral aufgestellten Organisationen kurze und direkte Wege bei Krisen, Problemen oder anderen Themen, die für die Beschäftigten zur Belastung geworden sind. Diese Form eignet sich vor allem für große Organisationen, die einen großen Hauptstandort oder mehrere große Standorte, aber im Verhältnis dazu auch noch viele kleinere dezentrale Standorte haben.

Neben diesen beiden internen gibt es in der Praxis auch zwei externe Varianten der Betrieblichen Sozialen Arbeit. Die externe Betriebliche Soziale Arbeit lässt sich als „Externe Betriebliche Soziale Arbeit" oder als „Patchwork-Koordination" unterscheiden. In beiden Fällen sind externe Fachkräfte für die Betriebliche Soziale Arbeit in den Organisationen zuständig. Bei der externen Betrieblichen Sozialen Arbeit sind ausschließlich externe Fachkräfte für alle Organisationseinheiten zuständig. Bei der Patchwork-Koordination werden sowohl interne als auch externe Fachkräfte tätig. Bei diesem Modell gibt es interne Fachkräfte der Betrieblichen Sozialen Arbeit an einem zentralen Standort, und diese koordinieren für die dezentralen Orte externe Fachkräfte (Klein 2021a, S. 78 ff.).

Die externe Beratung wird häufig synonym als Employee Assistance Program (EAP) bezeichnet, wobei diese Bezeichnung gerade bei international tätigen Organisationen auch von der internen Betrieblichen Sozialen Arbeit verwendet werden kann, da EAP nichts Anderes als „Unterstützungsprogramm für Beschäftigte" bedeutet. Die externe Betriebliche Soziale Arbeit ist somit ein zusätzlicher Service, den Organisationen ihren Mitgliedern zur Verfügung stellen, um diese zu unterstützen. Organisationsmitglieder und oft auch ihre Zu- und Angehörige können sich vertraulich, gegebenenfalls auch anonym, an geschulte Fachkräfte wenden, die ihnen helfen, Lösungen für persönliche oder arbeitsbedingte Probleme zu finden. Die Entwicklung externer Beratung hat zahlreiche Dienstleistungsanbieter in diesem Feld entstehen lassen. Anbieter sind unter anderem Beratungsunternehmen, selbständige Fachkräfte, Beratungsstellen, Einrichtungen der Freien Wohlfahrtspflege und Einzelpersonen. Die Angebote differieren oft erheblich hinsichtlich der Zielstellung, der fachlichen Ausrichtung und Breite und vor allem der Qualität. Viele Mitglieder im Bundesfachverband Betriebliche Soziale Arbeit orientieren sich an den bundesweit vereinbarten Qualitätsstandards, die sie ggfs. mit einer Zertifizierung nachweisen können. Der Qualitätsnachweis ist vor allem für kleine und mittelständische Organisationen wichtig, denn diese könnten ohne den Einsatz von externen Fachkräften ihren Beschäftigten keine Betriebliche Soziale Arbeit anbieten. Zudem ist es für Organisationen, die in der Fläche verteilt sind, kaum möglich, nur mit der internen Betrieblichen Sozialen Arbeit alle Bedarfe abzudecken.

Die vier Varianten Betrieblicher Sozialer Arbeit haben jeweils ihre eigene Berechtigung und weisen zahlreiche Gemeinsamkeiten auf. Sie haben das Ziel, der Organisation und den Organisationsmitgliedern möglichst rasch bei der Bewältigung von sozialen Schwierigkeiten und Belastungen zu helfen. Die Angebote sind lösungsorientiert konzipiert und können den Beschäftigten relativ schnell und unkompliziert durch die Einbeziehung ihrer Netzwerke dabei helfen, eigene Ressourcen zu erkennen und auf externe zuzugreifen. Hinsichtlich der inhaltlichen Themen sind sie flexibel und können mit ihrem aggregierten Wissen sehr gut zur Organisationsentwicklung beitragen. Letztendlich lässt sich sagen, dass jede Form der Betrieblichen Sozialen Arbeit nur so gut ist, wie die eingesetzten Fachkräfte die Qualitätsstandards einhalten oder, je nach zur Verfügung gestellten Ressourcen, einhalten können.

2.2 Auftrag der Betrieblichen Sozialen Arbeit

Der Auftrag Betrieblicher Sozialer Arbeit unterscheidet sich von dem klassischen Auftrag der Sozialen Arbeit in einem wesentlichen Punkt. Der klassische Auftrag der Sozialen Arbeit ist ein gesellschaftlicher Auftrag zur Hilfe. Die damit verbundenen notwendigen Ressourcen werden den Organisationen, zum Beispiel gemeinnützigen Einrichtungen, von der Gesellschaft zur Verfügung gestellt. Die Organisationen haben dann die Aufgabe, nachzuweisen, dass sie dem gesellschaftlichen Auftrag und den damit verbundenen Vorgaben gerecht werden (Konformitätsnachweis) und gleichzeitig den Fachkräften angemessene Rahmenbedingungen zur Arbeit mit den Adressat:innen zur Verfügung stellen. Die Organisationen erhalten die finanziellen Mittel für angemessene

Rahmenbedingungen von den gesellschaftlichen Institutionen, wie zum Beispiel Sozialversicherungsträgern, Ministerien oder kommunalen Trägern, die aufgrund kollektiv bindender Entscheidungen dafür legitimiert worden sind.

Dies ist bei der Betrieblichen Sozialen Arbeit anders, da die notwendigen Ressourcen eben gerade nicht durch einen gesellschaftlichen Auftrag zur Verfügung gestellt werden, sondern eine freiwillige Leistung einer Organisation selbst ist. Die Organisation muss diese notwendigen Ressourcen selbst erwirtschaften bzw. zur Verfügung stellen. Der Konformitätsnachweis in der Betrieblichen Sozialen Arbeit bezieht sich daher vor allem auf die organisationalen Vorgaben, und darin muss dargestellt werden, dass die zur Verfügung gestellten Ressourcen möglichst wirtschaftlich, angemessen und zweckmäßig eingesetzt worden sind.

Die Fachkräfte der Betrieblichen Sozialen Arbeit übernehmen eine vermittelnde bzw. intermediäre Funktion, da sie ihren Auftrag einerseits von der Organisation und andererseits von den Adressat:innen der Hilfe erhalten. Damit sind die Fachkräfte der Betrieblichen Sozialen Arbeit mit einem „doppelten Mandat" (vgl. Böhnisch und Lösch 1973, 21 ff.) ausgestattet. Das doppelte Mandat liegt jedoch nicht, wie sonst üblich in der Sozialen Arbeit, zwischen der Gesellschaft und dem Individuum, sondern zwischen der Organisation und dem Individuum.

Das macht es aber auch nicht leichter. Es kann zu Widersprüchen zwischen den legitimen individuellen Bedürfnissen der Adressat:innen und dem vorgegebenen organisationalen Rahmen kommen. Die Forderungen der Fachkräfte nach mehr Zeit für die unmittelbare Arbeit mit den Adressat:innen, nach der Verwendung von Software mit telemedizinischen Standards oder nach Geduld im Umgang mit Menschen in schwierigen Lebenslagen treffen auf einen hohen Betreuungsschlüssel, organisatorische Vorgaben zur Verwendung standardisierter Softwarelösungen oder Ungeduld im Umgang mit Menschen in schwierigen Lebenslagen. Der organisationale Rahmen für das freiwillige Angebot der Betrieblichen Sozialen Arbeit wird vor allem durch wirtschaftliche und fachliche Vorgaben vorgegeben.

Zudem begegnen sich die Berater:innen und die Ratsuchenden je nach Modell zugleich als Kolleg:innen einer Organisation. Und die Ratsuchenden sind nicht nur persönlich Ratsuchende, sondern auch Mitarbeitende der Organisation, die die Hilfe gewährt. Angesichts der vielfältigen Doppelrollen kann es, je nach Modell der Betrieblichen Sozialen Arbeit, Organisationskultur und Rahmenbedingungen der Organisation, leichter oder auch schwerer sein, ein vertrauensvolles Beratungsverhältnis herzustellen.

Einerseits gibt es das „System des Miteinanders", in dem Menschen mit

Unterstützungsbedarf und die Fachkräfte der Betrieblichen Sozialen Arbeit bedarfsorientiert und dialogisch interagieren. Dies kann auch als System der „Legitimität" bezeichnet werden, da die Adressat:innen die Unterstützung durch die Fachkräfte legitimieren bzw. erlauben müssen (vgl. Luhmann 2019b, S. 27). Auf der anderen Seite gibt es im Verhältnis der Fachkräfte zur Organisation die Notwendigkeit, Ergebnisse zu erzielen und Wirkungszusammenhänge herzustellen, um die Konformität des fachlichen Handelns mit den vorgegebenen Aufgaben, für die freiwillig Ressourcen zur Verfügung gestellt werden, nachzuweisen. Dieses kann als System der „Erwartungen" bezeichnet werden. Diese beiden Systeme beziehen sich aufeinander und folgen unterschiedlichen Relevanzkriterien (vgl. Mennemann 2020, S. 203).

Das System der Erwartungen und das System der Legitimität folgen innerhalb einer Organisation unterschiedlichen Anforderungen und Regeln. Während das System der Erwartungen eher rational von oben (top-down) geplant und aufgebaut wird, finden sich im System der Legitimität auf der unteren Ebene (Bottom-up) eher irrational erscheinende Potentiale. Es besteht die Gefahr, dass das System der Erwartungen mit seinen formalen Vorgaben, Regeln und Anforderungen das andere System durchdringt. So können Adressat:innen aus dem Blick geraten, wenn beispielsweise die Vorgaben zu strikt werden und die individuellen Besonderheiten nicht mehr gesehen werden. Dies kann auch durch enge Zeitvorgaben oder einen ungünstigen Stellenschlüssel erfolgen, so dass Gespräche der Fachkräfte mit den Ratsuchenden nicht mehr adäquat möglich sind.

Das Qualitätsmanagement kann die bewusst gestaltete Verbindung beziehungsweise das Kopplungsrational (vgl. Luhmann 2018a, S. 787) zwischen der Interaktion der Fachkräfte der Betrieblichen Sozialen Arbeit und den Adressat:innen einerseits und den Aushandlungen der Fachkräfte der Betrieblichen Sozialen Arbeit und der Organisation andererseits sein. Die Konzepte der Betrieblichen Sozialen Arbeit, die Aufgaben- oder Arbeitsplatzbeschreibung, vereinbarte Arbeitsinstrumente usw., die beiden Systemen gerecht werden, können im Qualitätsmanagement der Organisation festgeschrieben werden (vgl. Mennemann, Dummann 2022, S. 53).

In der Betrieblichen Sozialen Arbeit bietet sich als Kopplungsrational das Qualitätsmanagement an, da es beiden Systemen die jeweiligen Relevanzen, Kriterien und Regeln lässt und zugleich aufeinander zuführt. Das Kopplungsrational kann damit zum Führungsinstrument beider Systeme werden, d. h. es gibt beiden Systemen Rahmenbedingungen vor (vgl. Luhmann 2018a, S. 787). Die beiden Systeme der Erwartungen und Legitimität sind im Vergleich zum Kopplungsrational überkomplex. So wird etwa die Sozialberatung von den Fachkräften der Betrieblichen Sozialen Arbeit situativ und fachlich begründet ausgeführt. Im Qualitätsmanagement kann jedoch nicht festgeschrieben werden, *wie* diese zu erfolgen hat. Das Kopplungsrational wird innerhalb des Systems der Organisation strukturell und operativ bestimmt (ebd., S. 788). Das Qualitätsmanagement ermöglicht es, dass die unterschiedlichen Logiken für alle Mitglieder der Organisation definiert und nachvollziehbar werden. „Diese unaufhebbare Spannung der Relevanzkriterien der zwei Systeme zueinander ist gewollt, denn sie stellt den Motor der Entwicklung in Organisationen dar" (Mennemann 2020, S. 203). Das Qualitätsmanagement ermöglicht den notwendigen Erhalt beider Systeme und gestaltet hinreichend Spielräume. Damit ermöglicht das Qualitätsmanagement eine „strukturelle Elastizität und Fähigkeit zur Selbstorganisation" (Luhmann 2019a, S. 73), und genau damit werden eine personenorientierte Beratung und Interaktion mit irrationalen Potentialen einerseits und die eher an rationalen Potentialen ausgerichtete Konformität der Vorgaben der Organisation andererseits gleichzeitig möglich.

Durch dieses Vorgehen im Qualitätsmanagement wird vor allem das System der Legitimität und damit die Fachlichkeit der Betrieblichen Sozialen Arbeit gestärkt und sichergestellt. Dies gelingt durch eine Verschiebung der häufig in Organisationen anzutreffenden betriebswirtschaftlich geprägten Zweck-Mittel-Perspektive hin zu einer Perspektive, die der sozialen Komplexität eher gerecht wird. Die Strukturen und Prozesse der Betrieblichen Sozialen Arbeit werden am Unterstützungsbedarf der Adressat:innen ausgerichtet und weniger an der Zweck-Mittel-Relation der Organisation (vgl. Mennemann 2020, S. 204). Damit positionieren sich Fachkräfte der Betrieblichen Sozialen Arbeit mit ihrer fachlichen Qualität in den unterschiedlichen Organisationen wie etwa Unternehmen, Verwaltungen, Ministerien, Polizei oder Bundeswehr, und berücksichtigen die organisationsspezifischen Besonderheiten. Das Qualitätsmanagement ist der richtige Ort eines kontinuierlichen Aushandlungsprozesses zwischen diesen Spannungsfeldern und den Systemen der Erwartungen und Legitimität.

Zu dem doppelten Mandat der Sozialen Arbeit kommt noch ein drittes Mandat hinzu. Die Fachkräfte der Betrieblichen Sozialen Arbeit sind einerseits mit den Themen, Perspektiven, Möglichkeiten und Anliegen der Adressat:innen konfrontiert, andererseits aber auch mit den Vorgaben, Interessen und Anliegen der Organisation. Zur Entscheidung in diesem Spannungsfeld braucht die professionelle Betriebliche Soziale Arbeit ein eigenes fachliches Mandat, womit die Polarität des „doppelten Mandats" hin zu einem „Tripelmandat" (vgl. Staub-Bernasconi 2007, S. 8 ff.) erweitert wird. Das professionelle Mandat benötigt zum einen wissenschaftlich begründetes Fachwissen, zum anderen die Kompetenz, ethische Entscheidungen zu treffen.

Die legitimen individuellen Bedürfnisse und der gegebene Rahmen der Organisation sind von dem fachlich anerkennungsfähigen Bedarf, abgeleitet aus dem dritten Mandat, zu trennen. Der Auftrag konkretisiert sich in der unmittelbaren Interaktion mit den Adressat:innen, wobei durch die professionsimmanente Fachlichkeit der Sozialarbeiter:innen die subjektiven Bedürfnisse der Adressat:innen mit dem fachlich eingeschätzten Bedarf abgeglichen werden. Dieser Bedarf wird zum Ausgangspunkt professioneller Hilfe. In der Sozialen Arbeit lässt sich ein vierfaches Mandat beschreiben (vgl. Abbildung Nr. 3 im Kapitel: Systemische und subjekttheoretische Spannungsfelder).

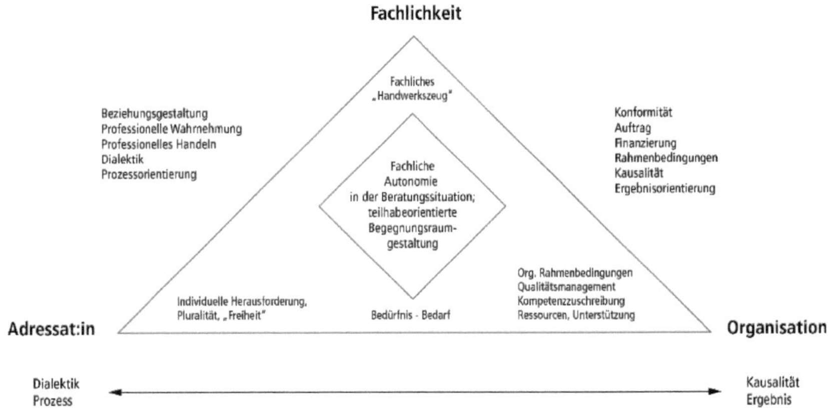

Abb. 8: Spannungsfelder – die drei Mandate in der Betrieblichen Sozialen Arbeit

In der Betrieblichen Sozialen Arbeit lassen sich, wie bereits dargestellt, nur drei Mandate ausdrücklich beschreiben: das Mandat der Organisation, das der eigenen Fachlichkeit und das konkrete von den Adressat:innen. Das gesellschaftliche Mandat fließt in die fachliche Bewertung der Berater:innen ein. Gesellschaftliche und rechtliche Grundlagen bleiben fachlich relevant, aber sie stellen kein eigenes Auftragsmandat dar, da der Auftrag und die Finanzierung von der Organisation alleine kommt. Berater:innen können beispielsweise im Bedarfsfall über rechtliche Grundlagen der Pflegeversicherung informieren und werden grundlegende Prinzipien wie das der Subsidiarität bzw. der weitestgehenden Selbstbestimmung der Adressat:innen einhalten. Die aus dem dreifachen Mandat entstehende Spannung sollte vor dem Hintergrund der Zweck-Mittel-Relation bewertet werden. Der Zweck der Betrieblichen Sozialen Arbeit ist insbesondere die Unterstützung der Organisation und ihrer Mitglieder. Die dazu notwendigen Mittel muss die Organisation bereitstellen. Gleichzeitig sind die

Fachkräfte der Betrieblichen Sozialen Arbeit gut beraten, vor dem Hintergrund der eigenen Fachlichkeit Informationen und Daten zur Wirksamkeit systematisch zu sammeln, um die Arbeit in der Organisation darstellen und die notwendigen Ressourcen organisieren zu können.

2.3 Case Management in der Betrieblichen Sozialen Arbeit

Die Organisationsformen der Betrieblichen Sozialen Arbeit haben wir oben beschrieben. Die vier Varianten unterscheiden sich erheblich voneinander. Zudem haben wir das dreifache Mandat der Betrieblichen Sozialen Arbeit beschrieben, dass sich von dem vierfachen Mandat der Sozialen Arbeit unterscheidet, weil es keinen normativ verankerten gesellschaftlichen Auftrag gibt. Diese Unterschiedlichkeiten sind bei der Implementierung des Case Management-Handlungskonzeptes zu berücksichtigen. Das macht es leider nicht leichter. Es führt dazu, dass für die Personen, die für die Einführung von Case Management in der Betrieblichen Sozialen Arbeit in der Organisation verantwortlich sind, wichtige Fragen entstehen, deren Beantwortung zu einem jeweils anderen Case Management-Modell führt und die Implementierung auf der Einzelfall-, Organisations- und der Netzwerkebene verändert.

Für die Entscheidung, welches Case Management-Modell für welche Organisationsform der Betrieblichen Sozialen passend erscheint, stellt sich die Frage, ob die Betriebliche Soziale Arbeit intern oder extern angesiedelt ist. Mit Ausnahme der klassischen externen Betrieblichen Sozialen Arbeit gibt es bei den drei Varianten der Betrieblichen Sozialen Arbeit interne Fachkräfte. Hier muss insbesondere bei dem Patchworkmodell in einem ersten Schritt entschieden werden, ob das Case Management bei den internen Fachkräften verbleibt oder besser bei den externen Fachkräften aufgehoben ist.

Für den Verbleib spricht die Tatsache, dass die internen Fachkräfte der Betrieblichen Sozialen Arbeit in der Regel eng in der Organisation verflochten sind. Sie arbeiten eng und abgestimmt mit den relevanten internen Angeboten für die Beschäftigten der Organisation zusammen, wie beispielsweise der betrieblichen Gesundheitsförderung, den Personal-/Betriebsräten oder der Mitarbeitendenvertretung, dem Arbeitsschutz, der Arbeitsmedizin sowie der Personal- und Organisationsentwicklung. Zudem sind sie im engen Austausch mit den Führungskräften. Der Verbleib des Case Managements bei den internen Fachkräften der Betrieblichen Sozialen Arbeit macht es für diese sinnvoll, dass sie sich an den Qualifizierungsanforderungen der DGCC orientieren und ggf. eine Zertifizierung erwerben. Einige haben dieses Zertifikat bereits in der Vergangenheit erworben, andere müssten sich erst noch qualifizieren. Die Betriebliche Soziale Arbeit benötigt auf der Organisationsebene das Einverständnis und die Ressourcen, um Case Management durchführen zu können.

Darüber hinaus muss eine Entscheidung getroffen werden, ob die Betriebliche Soziale Arbeit eher ein generelles oder eher ein fachdienstlich begleitendes Case Management anbieten soll. Das generelle Case Management unterscheidet sich von dem fachdienstlich begleitenden vor allem darin, dass neben den Case Management-Aufgaben keine eigenen Dienstleistungen den Adressat:innen gegenüber übernommen werden. Ein generelles Case Management bietet sich vor allem bei großen Organisationen an, in denen mehrere Fachkräfte der Betrieblichen Sozialen Arbeit arbeiten.

Bei einem fachdienstlich begleitenden Case Management werden zusätzlich zu den Case Management-Aufgaben eigene fachliche Dienstleistungen wie zum Beispiel Sozialberatung, Suchtberatung oder Mediation angeboten. Dies hat den Vorteil, dass während einer Beratung entschieden werden kann, ob es neben der fachdienstlichen Begleitung einer Weiterleitung und Steuerung anderer Hilfen bedarf. Eine personelle Schnittstelle zwischen fachdienstlichen Berater:innen und Case Manager:innen fällt weg. Allerdings müssten alle Berater:innen qualifiziert werden, Case Management ausüben zu können. Zudem müsste vorab geklärt werden, welche fachdienstlich begleitenden Angebote im Case Management von den Fachkräften der Betrieblichen Sozialen Arbeit übernommen werden, wie groß das interne Angebotsnetzwerk ist und mit welchen externen Angeboten kooperiert wird. Hier müsste dann die Art der Zusammenarbeit und ggfs. die Steuerungskompetenzen zueinander geklärt werden. Es stellt sich auch die Frage, welche fachdienstlichen Leistungen von den Fachkräften der Betrieblichen Sozialen Arbeit im Case Management übernommen werden sollten. Gibt es beispielsweise eine etablierte Pflegeberatung mit ausreichend Kapazitäten vor Ort, muss dieses Angebot nicht organisationsintern angeboten werden. In diesen Fällen würde ein Screening durch die Fachkräfte ausreichen, und das Case Management kann von der Pflegeberatung durchgeführt werden, wenn diese es qualifiziert anbieten kann.

Zudem muss eingeschätzt werden, ob die Fachkräfte der Betrieblichen Sozialen Arbeit auch von den Beteiligten in der Rolle als Case Manager:innen autorisiert werden. Dazu muss erst einmal geklärt werden, welche anderen sozialen und gesundheitlichen Dienste es intern und extern gibt. Dürfen diese über ein internes oder externes Case Management gesteuert werden? Wer übernimmt das Screening? Welcher Art von Zusammenarbeit gehören die anderen Dienste an? Welche gehören in ein Netzwerk, das über Case Management gesteuert wird? Bei welchen gibt es nur einen zuständigkeitsbedingten, geregelten

Austausch, aber die Dienste müssen im Rahmen des Hilfeprozesses gesteuert werden (nur Infoaustausch)? Welche sozialen und gesundheitlichen Dienste werden regelmäßig – welche manchmal – von extern übernommen? Werden die internen Fachkräfte der Betrieblichen Sozialen Arbeit von den organisationsintern Verantwortlichen formal mit der Steuerungskompetenz im Case Management ausgestattet? Welche Kompetenz wird der Fachkraft für Betriebliche Soziale Arbeit zum Beispiel von der Betriebsärztin oder dem Betriebsarzt auch informal zugeschrieben? Würden diese und andere sich im Netzwerk bei komplexen Fallkonstellationen steuern lassen? Wenn die Antworten bezogen auf die relevanten Akteure in der Organisation eher bejaht werden können, liegen gute Voraussetzungen vor, das komplette Case Management-Programm intern anzubieten. Wenn die Antworten eher verneint werden, könnte geprüft werden, ob externe Fachkräfte für das Case Management hinzugezogen werden.

Neben der Frage des Umfangs und der Autorisierung stellt sich auch die Frage, für welche Standorte Case Management eingeführt werden soll. Steht dieses Angebot auch allen dezentralen Standorten zur Verfügung oder nur dem zentralen Standort? Wenn nur wenige qualifizierte Case Manager:innen zur Verfügung stehen, stellt sich die Frage, ob die sozialen oder kollegialen Ansprechpartner:innen gewonnen werden können, ein Screening durchzuführen, um dann gegebenenfalls an die zentrale Fachkraft der Betrieblichen Sozialen Arbeit verweisen zu können. Dies gilt auch für die Patchwork-Koordination, wo an den dezentralen Standorten externe Fachkräfte zum Einsatz kommen. Auch diese müssten mit dem Screening-Instrument vertraut gemacht werden und in definierten Fällen an das Case Management der internen Fachkräfte verweisen.

Die Fragen für das Case Management einer internen Betrieblichen Sozialen Arbeit unterscheiden sich teilweise von den Fragen für die externe Betriebliche Soziale Arbeit. Bei externer Betrieblicher Sozialer Arbeit liegt es nahe, auch den externen Anbieter mit dem Case Management zu beauftragen. Werden externe Fachkräfte der Betrieblichen Sozialen Arbeit für das Case Management ausgewählt, stellt sich auch hier die Frage, ob diese nach den DGCC-Standards zertifiziert sind. Neben der Ressourcenfrage sollte auch hier die Entscheidung getroffen werden, ob die externe Betriebliche Soziale Arbeit ein generelles oder eher ein fachdienstlich begleitendes Case Management anbieten soll. Das generelle Case Management könnte sich bei großen Organisationen anbieten, hängt aber davon ab, ob die Autorisierung eines externen Angebots zur Steuerung der internen und externen Beteiligten möglich und sinnvoll ist. Bei einem großen Anbieter, der eine sehr gute regionale Vernetzung nachweisen kann, mag das gelingen. Es wird wahrscheinlich mehr Fälle geben, in denen diese Autorisierung nicht gelingt. Daher wäre auch die Frage zu stellen, für welche Standorte der externe Anbieter Netzwerke anbieten kann und für welche nicht.

Bietet der externe Anbieter stattdessen ein fachdienstlich begleitendes Case Management an, werden zusätzlich zu den Case Management-Aufgaben eigene fachliche Dienstleistungen angeboten. Hier stellt sich vorab für die Organisation die Frage, welche fachdienstlich begleitenden Angebote im Case Management von den externen Fachkräften der Betrieblichen Sozialen Arbeit übernommen werden, wie die Zusammenarbeit mit dem internen Angebotsnetzwerk ist und mit welchen externen Angeboten kooperiert wird. Hier müssten dann die Art der Zusammenarbeit und ggfs. die Steuerungskompetenzen zueinander geklärt werden. Dies kann sich bezogen auf die unterschiedlichen dezentralen Standorte auch je nach Bedarf unterscheiden.

Bei den externen Fachkräften der Betrieblichen Sozialen Arbeit stellt sich auch die Frage, wie diese in der Rolle autorisiert werden. Werden die Fachkräfte der externen Betrieblichen Sozialen Arbeit von den organisationsintern Verantwortlichen formal mit der Steuerungskompetenz im Case Management ausgestattet? Wie reagieren darauf die anderen relevanten Akteure innerhalb und außerhalb der Organisation?

Neben der Frage des Umfangs und der Autorisierung ist die Gestaltung des Case Management-Konzepts von der Größe der Organisation und der Anzahl der Standorte abhängig. Steht das externe Case Management-Angebot allen dezentralen Standorten zur Verfügung oder nur dem zentralen Standort? Wie kann ein organisationsinternes Screening bei externem Case Management gelingen?

Wie die internen Fachkräfte, so müssen auch die externen eng und abgestimmt mit den relevanten internen Angeboten für die Beschäftigten der Organisation zusammenarbeiten. So sind die externen Angebote der Betrieblichen Sozialen Arbeit mit der betrieblichen Gesundheitsförderung, den Personal-/Betriebsräten oder der Mitarbeitendenvertretung, dem Arbeitsschutz, der Arbeitsmedizin sowie der Personal- und Organisationsentwicklung abzustimmen. Dabei ist darauf zu achten, dass die unterschiedlichen Zuständigkeiten klar definiert werden und eine Einbindung in das interne Netzwerk innerhalb der Organisation gelingt.

Externe Anbieter agieren teilweise regional, teilweise aber auch landesweit. Somit verfügen sie über eine unterschiedliche Qualität regionaler Netzwerke. Externe Fachkräfte benötigen ein professionelles Netzwerkmanagement, einen guten Zugang zu den wichtigen regionalen Netzwerken und geeignete Beratungsräumlichkeiten vor Ort.

Die hier nach den Modellen differenziert dargestellten Fragen beziehen sich zusammengefasst insbesondere auf die folgenden Entscheidungen, die letztlich in der Verantwortung der Organisationsleitung stehen:

- internes oder externes Case Management
- generelles oder fachdienstliche Beratung ergänzendes Case Management
- fachdienstliche Kompetenzen der Betrieblichen Sozialen Arbeit und Kooperation mit anderen Beratungsstellen
- zugestandene Steuerungskompetenzen der Case Manager:innen intern und extern
- Konzepte für internes und externes Care Management

Von der Beantwortung dieser Fragen hängt die fachliche Ausgestaltung des Case Managements ab.

2.4 Implementierungsanforderungen

Die Implementierung des Handlungskonzeptes Case Management ist nicht nur in der Betrieblichen Sozialen Arbeit anspruchs- und voraussetzungsvoll. Das liegt daran, dass die oben genannten Fragen beantwortet und dementsprechend Strukturen und Prozesse überprüft und gegebenenfalls angepasst werden müssen.

Der Prozess der Implementierung von Case Management ist komplex und betrifft die unterschiedlichen Strukturen wie Programme, Kommunikationswege und Personal, aber zusätzlich auch die drei Seiten einer Organisation (vgl. Klein 2021, 51 ff.). Ein Handlungskonzept wie Case Management wird nicht einmal implementiert und dann ist der Auftrag erledigt. Die Implementierung erfolgt kontinuierlich und schrittweise.

Nochmals zur Erinnerung: Mit Case Management wird eine bedarfsorientierte Steuerung einer Fallsituation zur Bewältigung einer personenbezogenen Problematik bezeichnet und erfolgt innerhalb einer Organisation und im regionalen Versorgungsgefüge (vgl. Deutsche Gesellschaft für Care und Case Management 2020, S. 2). Dieses Konzept verändert Organisationen und das regionale Versorgungsgefüge.

Der Kern des Case Managements ist die Orientierung am Bedarf der Personen, für die die Fachkräfte der Betrieblichen Sozialen Arbeit in der Organisation zuständig sind. Das Handlungskonzept Case Management fordert die Fachkräfte auf, von der Komplexität der Situation auszugehen, in der sich

Menschen befinden. Fachkräfte der Betrieblichen Sozialen Arbeit, die in diesen komplexen Lebenssituationen handeln wollen, müssen Beteiligungs- und kommunikative Aushandlungsprozesse zulassen und diese sogar anregen. Auf dieses Anliegen müssen die Strukturen und Prozesse ausgerichtet werden (vgl. Mennemann 2020, S. 201).

Fachkräfte der Betrieblichen Sozialen Arbeit, die in Organisationen personenorientiert handeln, stellen den Ratsuchenden geeignete Rahmenbedingungen zur Verfügung, damit dialogische und partizipative Prozesse möglich sind. Diese Rahmenbedingungen müssen in der Organisation verbindlich mit Blick auf die Kommunikationswege und Programme geregelt werden, damit Dialog und Partizipation möglich werden. Dies ist einfach gesagt und betrifft vor allem nur das, was formal gesteuert werden kann. Die Implementierung von Case Management in der Betrieblichen Sozialen Arbeit wird daher häufig nur zweckrational gestaltet.

Es zeigt sich jedoch, dass dieses Vorgehen nur selten erfolgreich ist. Bei der Implementierung spielt die Organisationskultur eine wesentliche Rolle. Doch was ist mit diesem schillernden Begriff eigentlich gemeint? Häufig werden das Organisationsklima, die Atmosphäre, Denkhaltungen, Werte und die Narrative einer Organisation zusammengefasst. Der Begriff der Organisationskultur kann als „terminologischer Staubsauger" bezeichnet werden, mit dem alles aufgenommen werden könne, was mit einer Organisation zusammenhängt (Kühl 2018, S. 8).

Diese begriffliche Ungenauigkeit erschwert den Zugang zu diesem wichtigen Thema. In einer Organisation gibt es formale und informale Erwartungen. Während formale Erwartungen durch Entscheidungen festgelegt wurden, sind informale Erwartungen nicht formal entschieden. Somit lässt sich der Begriff „Organisationskultur" definieren als die Summer derjenigen Verhaltenserwartungen, die nicht durch Entscheidungen festgelegt wurden, sondern sich herausgebildet haben (ebd., S. 9).

Diese nicht formal vorgeschriebenen Erwartungen an das Verhalten haben also nicht die Funktion, die Handlungen der Organisationsmitglieder genau vorzuzeichnen, sondern sie ermöglichen „Spielraum für faktisches Verhalten" (vgl. Luhmann 1972, S. 272). Dieser Spielraum ermöglicht Varianzen im Verhalten. So mag der mittägliche Gruß „Mahlzeit" in der Kantine einer Verwaltung erwartet werden, aber es passiert nichts, wenn anders gegrüßt wird. Neue Organisationsmitglieder übernehmen diesen Gruß jedoch schnell, um der Verhaltenserwartung gerecht zu werden. Bei einer sehr überschwänglichen oder einer ausbleibenden Begrüßung würde auch nichts passieren, aber es müsste mit sozialen Konsequenzen, etwa in Form des Geredes, gerechnet werden.

Diese formal nicht entschiedenen Verhaltenserwartungen entstehen durch Wiederholung und werden zur sozialen Struktur der Organisation. Die Einhaltung ist Voraussetzung, um akzeptiert und verstanden zu werden. (ebd.). Diese nicht entschiedenen Verhaltenserwartungen gibt es auch in Partnerschaften, in der Familie oder in der Clique. Es schleichen sich Gewohnheiten und Routinen ein, die dann von den anderen erwartet werden. Eine einmalige Improvisation reicht dazu nicht aus. Es sind eher die kommunikativen Trampelpfade einer Organisation, die immer wieder beschritten werden (vgl. Kühl 2018, S. 14).

Da keine Organisation alles formal regeln kann, prägen sich immer informale soziale Erwartungen aus. Diese Flexibilität ermöglicht es der Organisation mit den komplexen und widersprüchlichen Erwartungen der Umwelt zurechtzukommen.

Bei der Implementierung von Case Management in der Organisation sollten neben den formalen auch die informalen Verhaltenserwartungen, und damit die Organisationskultur, berücksichtigt werden. Formale und informale Verhaltenserwartungen gibt es nicht nur bei dem Personal, sondern auch bei der Umsetzung der Wenn-Dann- und der Zweck-Programme und bei den Kommunikationswegen.

So werden im Personalbereich bei Einstellungen, Beförderungen, Gratifikationen und selbst bei Entlassungen zwar immer formale Kriterien zugrunde gelegt, aber persönliche Sympathien und Antipathien oder andere weniger thematisierbare Faktoren wie Einsatzbereitschaft, Freundlichkeit oder Hilfsbereitschaft spielen trotzdem häufig eine Rolle.

Bei den Programmen gibt es neben den formalen Vorgaben auch Spielräume. Selbst bei den formal vorgeschriebenen Wenn-Dann-Programmen zeigen sich informale Optionen. So werden manchmal Anträge von bestimmten Kolleg:innen vorgezogen, Genehmigungen großzügiger erteilt oder besondere Wünsche guter Kund:innen berücksichtigt, die „eigentlich" nicht möglich sind.

Selbst bei Kommunikationswegen gibt es neben den formalen Festlegungen informale Erwartungen. Es mögen Hierarchien festgelegt sein, aber trotzdem werden Vorgesetzte umgangen, werden kollegiale Autoritäten gefragt, Abkürzungen genommen, die mittlerweile zur Führungskraft beförderte, ehemalige Kollegin wird vertraulich informiert etc. Das sind die bekannten „kurzen Dienstwege" (ebd., S. 21).

Eine Implementierung von Case Management mit Hilfe externer Berater:innen hat angesichts der formalen und informalen Kommunikationswege eine gute Chance erfolgreich zu sein, wenn die Antworten auf die Entscheidungsfragen und das konkrete Case Management-Konzept von den zuständigen Mitarbeitenden und Leitungskräften der Organisation entwickelt werden und nicht von den externen Berater:innen. Für die Implementierung und Einhaltung des Konzeptes sind letztlich die Leitungskräfte verantwortlich. Sie sind die Garanten der Qualität. Externe Berater:innen schulen Mitarbeitende, die konkrete Instrumente entwickeln, und sie beraten Leitungskräfte, die das Case Management-Konzept erarbeiten und die für die Implementierung und Einhaltung der fachlichen Standards sorgen. So entsteht ein kreatives Entwicklungsdreieck zwischen externen Berater:innen, Leitungskräften und Mitarbeitenden der Organisation.

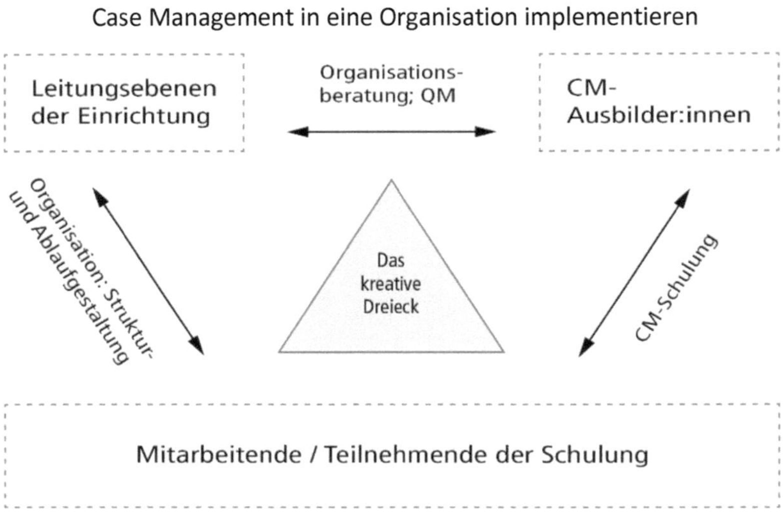

Abb. 9: Das kreative Dreieck

Das jeweils gewählte Case Management-Modell der Betrieblichen Sozialen Arbeit legt fest, welche Aspekte von Case Management implementiert werden müssen. Nur bei wenigen Modellen werden alle Ebenen implementiert. Im Folgenden werden alle Implementierungsebenen ausführlich dargestellt, so dass für das jeweilige Implementierungsmodell die entsprechenden Inhalte ausgewählt werden können.

Wenn es intern eine Betriebliche Soziale Arbeit gibt, Case Management aber extern ausgeübt werden soll, bietet es sich an, dass die Betriebliche Soziale Arbeit ein Screening-Instrument anwendet, um komplexe Fälle gezielt weiterleiten zu können. Zudem müssen das Case Management-Modell (generell oder fachdienstbegleitend) sowie die möglichen und erwarteten Steuerungsleistungen und Netzwerke definiert werden.

Wenn die interne Betriebliche Soziale Arbeit auch Case Management ausübt, müssen die fachdienstlichen Beratungs- und die Steuerungskompetenzen intern und extern vereinbart sein. Bei diesem Modell wird Case Management auf den drei Ebenen implementiert.

Wenn Betriebliche Soziale Arbeit extern ausgeführt wird und auch Case Management extern ausgeführt werden soll, muss geklärt werden, ob eine interne Stelle sinnvoll wäre, die ein Screening-Instrument anwendet, welches Case Management-Modell erwartet wird und welche Steuerungsmöglichkeiten die externe Stelle bezüglich relevanter interner Dienste hat.

Wenn zwar die Betriebliche Soziale Arbeit extern durchgeführt wird, aber eine komplexe, soziale und gesundheitliche Hilfesituation steuernde interne Stelle gegeben ist, muss Case Management ebenfalls auf allen drei Ebenen implementiert werden. Insbesondere muss dann auch die Zusammenarbeit mit der externen Betrieblichen Sozialen Arbeit geregelt werden.

Case Management implementieren

Es ist für die Implementierung von Case Management in Organisationen von zentraler Bedeutung, ob es intern oder extern angesiedelt werden soll. Zu den Unterschieden haben wir oben bereits einige Hinweise gegeben.

Bei der Einbindung eines externen Case Management-Angebots müssen sich zur Vorbereitung die Fachkräfte der Betrieblichen Sozialen Arbeit in einem ersten Schritt grob über die Ziele und Inhalte das Case Management-Konzeptes verständigen und die Frage klären, wie das Konzept zum vorhandenen Modell der Betrieblichen Sozialen Arbeit, aber auch zu den Besonderheiten der Organisation passt. Dieses Modell wird der Leitung vorgelegt, damit hier die Entscheidung über die Implementierung und die Anforderungen an das CM-Modell fallen kann.

In der Regel folgt daraufhin eine Ausschreibung, die nicht selten neben den organisationsspezifischen Kanälen auch über die Netzwerke der Deutschen Gesellschaft für Care und Case Management verteilt wird.

Auf die Ausschreibung, die mit einer Gewichtung von Auswahlkriterien wie detaillierte Konzeptqualität, Branchenkenntnis, Regionale Nähe, Personalqualität (z.B. Anzahl der zertifizierten Case Manager:innen), Referenzen und natürlich der Preis etc. einhergeht, folgt das Bewerbungsverfahren. Dabei geht es bei einer Konzeptpräsentation um die Klärung der Fragen, die nach Sichtung der schriftlichen Unterlagen offengeblieben sind und um einen Eindruck, ob die handelnden Akteure des Case Management-Anbieters auch zu den Fachkräften der Betrieblichen Sozialen Arbeit und den anderen Personen im internen Netzwerk passen und eine professionelle Zusammenarbeit erwartet werden kann. Auf dieser Grundlage erfolgt dann die Entscheidung bzw. die Erstellung einer Rangliste mit den geeigneten externen Case Management-Anbietern und bei Bedarf Nachverhandlungen, die mit einem Vertrag abgeschlossen werden.

In diesem Zusammenhang ist es wichtig darauf hinzuweisen, dass das externe Angebot von der Leitung der Organisation mit der Durchführung des Case Managements beauftragt wird und für die Zusammenarbeit mit den internen und externen Stellen und Personen in den unterschiedlichen Netzwerken autorisiert wird.

Bewährt haben sich dazu Schreiben an alle relevanten Stellen in den internen und externen Netzwerken der Betrieblichen Sozialarbeit, die über das neue Case Management-Angebot informiert werden. Einige von den relevanten Stellen werden auch das Screening-Instrument anwenden müssen, daher sollte im Schreiben bereits auf das Screening-Verfahren hingewiesen und Ansprechpartner:innen für Rückfragen benannt werden. Innerhalb des ersten Jahres erfolgt dann die Evaluation der Case Management-Dienstleistung, die entweder intern oder extern beauftragt wird. Für eine Durchführung haben sich Mitarbeitendenbefragungen und Expert:innengespräche bewährt, die bezogen auf die zu Beginn genannten Ziele ausgewertet werden. Nach der Auswertung der Befragung sollten die Ergebnisse mit dem Anbieter besprochen werden, und auf dieser Grundlage kann die Entscheidung für eine Vertragsverlängerung oder das Ende des Vertrags getroffen werden

Die Herangehensweise bei der Entscheidung für ein internes Case Management in der Betrieblichen Sozialen Arbeit unterscheidet sich deutlich von der Herangehensweise bei einem externen Case Management-Angebot.

So muss die Leitungskraft der Betrieblichen Sozialen Arbeit das Case Management Konzept schreiben und darin die Inhalte der Fachberatung im Bereich der Betrieblichen Sozialen Arbeit beschreiben. Dies beinhaltet eine Verständigung im Team der Betrieblichen Sozialen Arbeit unter anderem über die Grundlagen und Charakteristika von Beratung. Konkreter erläutern wir das im Kapitel zur Einzelfallebene.

Dies allein reicht aber nicht, denn es müssen auch die Inhalte der Case Management-Steuerung beschrieben und das Case Management-Modell begründet werden. Nicht selten lassen sich die Leitungskräfte bei der Konzeptentwicklung von außen unterstützen, da ihnen im Alltag häufig die Zeit fehlt. Es bleibt aber von großer Bedeutung, dass das Konzept nicht ausschließlich von Dritten geschrieben wird, weil diese die Terminologie der Organisation nicht gut genug kennen können. Es ist wichtiger, dass die Beschreibung des Konzeptes zur Organisation passt und nicht umgekehrt. Zudem wird das zukünftige Modell besser durchdrungen, und Schwachstellen, Unklarheiten und Uneindeutigkeiten werden eher erkannt und können frühzeitig berücksichtigt werden.

Zudem sind die Kooperationspartner aus der bisherigen Zusammenarbeit bekannt. Insbesondere sollten die Partner des organisationsinternen Netzwerks wie beispielsweise Betriebsärzt:innen, Fachkraft für Arbeitsschutz, Betriebs-, Personalrat oder Mitarbeitendenvertretung benannt sein. Darüber hinaus sollten die Kompetenzen der Fachkräfte der Betrieblichen Sozialen Arbeit im Rahmen von Case Management geregelt werden. Dies ermöglicht eine reibungslosere Zusammenarbeit, als wenn erst im Prozess die Kompetenzen geklärt werden müssen. Neben dem internen Netzwerk sollten aber auch die Partner des externen Netzwerkes wie beispielsweise Pflegeberatung, Schuldner- oder Suchtberatung, Therapeut:innen oder Ansprechpartner:innen in der Kommune benannt und die Kooperationsmöglichkeiten beschrieben sein. Einige Kooperationsmöglichkeiten müssen auch bewilligt werden, zum Beispiel wenn die Pflegeberatung ein eigenes Case Management anbietet. Dann müssen Regeln für die Fallübergabe vereinbart werden.

Diese im Konzept entworfenen Überlegungen müssen mit der relevanten Leitungskraft besprochen, ggfs. diskutiert und von dieser schließlich akzeptiert werden.

Auf dieser Grundlage kann dann die Qualifizierung der Mitarbeitenden zu zertifizierten Case Manager:innen erfolgen. Je größer die Organisation, desto sinnvoller erscheint eine Inhouse-Weiterbildung, die zur Erarbeitung aller relevanten Instrumente auf der Einzelfallebene, aber auch zur Erarbeitung von Regelpfaden innerhalb des Hauses genutzt werden kann. Auch der Beginn der externen Netzwerkarbeit mit Kooperationsvereinbarungen kann in der Inhouse-Weiterbildung angestoßen und unterstützt werden.

Auf der Grundlage dieser Vorarbeiten wird eine Pilotphase vereinbart, in der die Instrumente an ausgewählten Fallbeispielen ausprobiert und nachgebessert werden. In dieser Pilotphase wird auch die interne und externe Vernetzung erprobt und alles evaluiert. Durch die Evaluation können Veränderungsbedarfe erkannt, vorbereitet und umgesetzt werden, um dann erneut erprobt zu werden. So wird das Handlungskonzept Case Management kontinuierlich verbessert und dynamisch weiterentwickelt. Bewährt sich das Konzept, sollten die Beratungsgrundlagen und das Case Management als Teil des Qualitätsmanagements festgeschrieben und auf allen Ebenen kontinuierlich evaluiert werden. Mit allen Ebenen sind die Evaluationen des internen und externen Netzwerkes, aber auch die fallbezogene Evaluation auf der Einzelfallebene und regelmäßige Evaluationen auf der Organisationsebene gemeint. Zu Beginn scheinen halbjährliche, dann jährliche Evaluationen ggfs. über Geschäftsberichte sinnvoll.

Es folgt die Durchführungs- und Konsolidierungsphase, die mit dem Einsatz des Screening-Instrumentes in der gesamten Organisation zur kompletten Implementierung des Case Managements führt. Auf der Netzwerkebene werden Vereinbarungen zur Netzwerkpflege vereinbart und das Beschwerdemanagement festgelegt. Durch regelmäßige Fallbesprechungen der Case Manager:innen und ggfs. durch Hospitationen, Coaching oder Supervision kann die Struktur-, Prozess- und Ergebnisqualität kritisch reflektiert werden. Für alle neuen Mitarbeitenden, die in der Betrieblichen Sozialen Arbeit, dem Case Management oder vor allem im internen Netzwerk tätig sind, sollte es ein Anleitungs-/Mentorenprogramm oder Coaching geben, damit diese die Screeninginstrumente adäquat anwenden und die vereinbarten Prozessschritte gut fortführen können. Darüber hinaus bedarf es ein regelmäßiges Angebot zur Fort- und Weiterbildung aller Case Manager:innen bezogen auf die Tätigkeit. Ein regelmäßiges Case Management-Update, eine regelmäßige Vergewisserung über den eingeschlagenen Weg und das vorliegende Konzept, lassen frühzeitig Fehlentwicklungen stoppen und innovative neue Ideen entstehen.

3 Einzelfallebene

Dieses Kapitel ist in zwei größere Abschnitte unterteilt. Zuerst werden die Grundlagen von Beratung, in die Case Management eingebettet ist, mit Blick auf theoretische Zusammenhänge, Charakteristika, Beratungskonzepte sowie Beratungstechniken dargestellt, um einer praktischen Anwendung möglichst nahe zu sein. Mit der Einbettung von Case Management in Beratungsgrundlagen auf der Einzelfallebene können der professionelle Hintergrund und die Verantwortung der Beratenden deutlich gemacht werden. Das hier entfaltete Case Management-Konzept rückt somit sehr weit weg einerseits von einer konzeptlosen, mittels (Dokumentations-)Instrumenten technisch anzuwendenden Case Management-Vorstellung sowie andererseits von vorschnellen, missbräuchlichen, einseitig-ökonomischen Verwendungsformen. Der zentrale Anker einer bedarfsbezogenen Personenzentrierung wird fachlich, der Güte nach ausformuliert. Der deklarierte zentrale Inhalt der Personenorientierung bleibt dadurch nicht auf der Ebene eines Appels oder einer inhaltsleeren Behauptung. Case Management wird in der Folge als führungs- und haltungsbezogenes (agogisches) Handlungskonzept sichtbar.

Im Anschluss werden die bereits im Überblick dargestellten Phasen im Case Management-Prozess auf der Einzelfallebene differenzierter vor allem mit Blick auf Bedingungen und Möglichkeiten von Dokumentationsinstrumenten besprochen. Diese sichern den fachlichen Mindeststandard aller Case Manager:innen einer Organisation. Sie sorgen auch für eine sichtbare Veränderung des Qualitätsniveaus im Angebotsportfolio der Organisation, da sie Bestandteil des Qualitätsmanagements werden. Die Instrumente werden in einem Schulungsprozess von den Case Manager:innen selber formuliert, so dass jede Organisation mit Blick auf die organisations- und handlungsfeldbezogenen Spezifika eigene Instrumente erarbeitet. Dabei werden Rahmenbedingungen und Beispiele genannt. Im dritten Teil dieses Kapitels wird anhand von Beispielaufgaben dargestellt, wie diese in einer Organisation erarbeitet werden können.

3.1 Grundlagen von Beratung

Im Zentrum der Einzelfallebene steht das fachliche Gespräch zwischen Person mit Unterstützungsbedarf und Case Manager:in. Alle Beratungstheorien und -instrumente sind ausschließlich Werkzeuge, die die Beziehung und das Gespräch nicht ersetzen können und wollen. Vielmehr helfen sie, die Qualität begründet ausweisen und sichern zu können.

Nicht selten haben Berater:innen in Organisationen kein gemeinsames Verständnis von Beratung. Die Case Management-Inhalte werden in der Folge von den Teilnehmenden ganz unterschiedlich aufgefasst und erscheinen unterschiedlich realistisch und umsetzbar je nach eigenem Professionshintergrund und Beratungsansatz.

Wir werden uns im Folgenden auf einen aufzählenden Überblick relevanter Inhalte beschränken, um die Bandbreite der Möglichkeiten deutlich zu machen. Die Beratungsgrundlagen gelten insbesondere, wenn Betriebliche Soziale Arbeit Case Management anwendet.

Theoretische Zusammenhänge

Das fachliche Gespräch ist ein zweckbezogenes zwischen Menschen in unterschiedlichen Rollen, mit unterschiedlicher Betroffenheit und verschiedenen Kompetenzen. Dies führt zu komplementären bzw. asymmetrischen Kommunikationssituationen. Der Zweck richtet sich auf die Veränderung der sozialen Wirklichkeit der Person mit Unterstützungsbedarf. Beratung beinhaltet in der Folge erstens die Kunst der fachbezogenen Wahrnehmung von Wirklichkeit und zweitens die der Auswahl begründeter Handlungsformen. Zuallererst stellt sich also die Frage nach der Wahrnehmung von sozialer Wirklichkeit beziehungsweise nach den unterschiedlichen Möglichkeiten von Erkenntnis. Theoretisch können wir es auch wie folgt ausdrücken: Erkenntnistheorien fließen in Beratungskonzepte ein, die ihrerseits Methoden und Techniken/Verfahren beinhalten. Sie stellen den Hintergrund beziehungsweise das zentrale „gedankliche Werkzeug“ der real stattfindenden professionellen Beratung dar.

Zielorientiert mit Blick auf Beratungsgrundlagen von Case Management werden im Folgenden kurz erkenntnistheoretische Grundlagen verständlich dargestellt. Es lassen sich vier Gruppen mit unterschiedlichem erkenntnistheoretischen Ansatz voneinander unterscheiden (vgl. Mennemann; Dummann 2022, S. 107 ff.):

1. *Wirklichkeit erklären – kausales Schließen (klassischer und kritischer Rationalismus, klassischer und logischer Empirismus):* Die Grundlage der Beratung besteht aus möglichst verlässlichen Daten, die in empirischen Verfahren kritisch-theoretisch über Personengruppen, Verhaltensweisen und Handlungsmöglichkeiten gewonnen werden.

2. *Wirklichkeit in Gegensätzen begreifen – Dialektik (Deutscher Idealismus, Marxismus, tiefenpsychologische Ansätze, Kritische Theorie):* Das griechische Wort für Unterredungskunst ist Dialektik. Die Lebenswirklichkeit von Menschen und auch das Beratungsgespräch, das Zusammenkommen zweier Menschen mit unterschiedlichen Vorerfahrungen, Kompetenzen und Perspektiven (These und Antithese), die gemeinsam im Gespräch eine neue Deutungs- und Lebensgrundlage schaffen (Synthese), lässt sich in Spannungsverhältnissen begreifen. Die grundlegende erkenntnistheoretische Figur ist die der These und Antithese, die eine Synthese ergeben. Soziale Wirklichkeit, die Unterredung von Menschen, lässt sich dialektisch begreifen und gestalten. Für Beratung bedeutet dies, dass keine der beiden Personen alleine eine veränderte Lösung produzieren kann. Und die Lebenswirklichkeit des anderen Menschen ist nicht linear als zugeschriebene Deutung von der beratenden zur hilfesuchenden Person angemessen zu verstehen, sondern nur in Spannungsverhältnissen auf mehreren Ebenen des Lebens (kognitiv, emotional, physisch, sozial, spirituell).

3. *Wirklichkeit verstehen – das gefangene „Ich“ ist bedingt frei (Hermeneutik, Phänomenologie, symbolischer Interaktionismus):* Jedes Verstehen (gr.: Hermeneutik) von Wirklichkeit ist in die eigene Weltsicht eingebunden. „Ich“ bin Teil der Wirklichkeit, die ich verstehen möchte (hermeneutischer Zirkel). Ich kann versuchen, den bewussten immanenten Sinn der Worte und des Verhaltens des anderen Menschen zu ergründen (Hermeneutik – ursprünglich das Verstehen von fremden Texten) – oder sogar das letztlich unaussprechliche, nicht bewusste Wesentliche, den hinter jeder Oberfläche, die als Phänomen erscheint, liegenden Wesenskern beschreibbar zu machen (Phänomenologie), indem alle Vorannahmen zunächst bewusst in einem gleichsam mathematischen Prozess beiseite geräumt werden. Dies wird auch phänomenologische oder eidetische Reduktion genannt (gr. eidos: Wesensschau). Zudem lässt sich das Selbst („self“) begreifen aus einer Mischung von übernommenen Inhalten in sozialen Prozessen („me“), die auch in der Zuschreibung von Eigenschaften stigmatisierend sein können, und aus einem kreativen Anteil, der sich zu der Umwelt bewusst verhält („I“). Ins Zentrum der Wahrnehmung sozialer Wirklichkeit geraten hier die Art und Weise von Interaktionsprozessen, die symbolisch vermittelt werden, vor allem über Sprache als Hauptsymbol, und die Übernahmen von Zuschreibungen in das Selbstwertgefühl („symbolischer Interaktionismus“).

4. *Wirklichkeit konstruieren – Modelle entwickeln (Konstruktivismus, Systemtheorie, Postmoderne, Grounded Theory):* Die Bedeutung von Wahrnehmungen wird bildlich gesprochen im Kopf der Menschen konstruiert, denn ein und dieselbe Wirklichkeit kann von zwei Menschen unterschiedlich betrachtet und interpretiert werden (Konstruktivismus). Schließlich „fällt sie" auf unterschiedliche Vorerfahrungen, Annahmen und Perspektiven. Es gibt keine übergeordneten Metaerzählungen und Bedeutungsinhalte, denen alle Menschen noch folgen würden (Postmoderne). Die Annahme, dass Beobachtungen von Wirklichkeit immer auch „blinde Flecken" haben und soziales Miteinander in Abhängigkeiten und festen Regeln zueinander geschieht, führt zu unterschiedlichen systemischen Theorien. Für Beratung ist konstitutiv, dass Wirklichkeitsbewertung von Anderen und auch von den Berater:innen (unterschiedlich) konstruiert wird. Sowohl der professionelle Beratungsprozess als auch die Wirklichkeitsdeutung der Personen mit Unterstützungsbedarf sind ein Konstrukt, das auch anders aussehen könnte. Deutungsprozesse lassen sich umdeuten. Es macht zudem Sinn, soziale Wirklichkeit in Abhängigkeiten zu betrachten und stets das soziale Umfeld der Personen mit Unterstützungsbedarf in fachliche Perspektiven und Handlungsweisen einzubeziehen. Zudem gibt es keine übergeordnete Sicht, die für Andere Gültigkeit beanspruchen könnte. Es bedarf steter Aushandlungs- und Vergewisserungsformen (Feedback), um schließlich gemeinsam vor allem für die andere Person bedeutsame und hilfreiche Perspektiven zu erarbeiten.

Diese vier verschiedenen Erkenntniswege sind relevant. Berater:innen benötigen verlässliches empirisches Wissen z.B. über Problemlagen und Krankheiten sowie Therapien und Verläufe. Zugleich ist die Fallsituation grundsätzlich im persönlichen, organisationalen und gesellschaftlichen Kontext sowie vor biographisch relevanten Hintergründen zu begreifen. Stigmatisierungsprozesse, Selbst- und Fremdkonstruktionen, der ausgebildete Eigensinn und Zielperspektiven sowie systemische Zusammenhänge sind in dem dialogisch und partizipativ ausgerichteten Beratungsprozess fachliche Wahrnehmungsgrundlagen.

Charakteristika

Diese erkenntnistheoretischen Vorannahmen stellen Grundlagen dar, die uns im Ergebnis zentrale Charakteristika von Beratung formulieren helfen. Diese sind auch Grundlage von Case Management auf der Einzelfallebene.

Sowohl mit Blick auf dialektische als auch konstruktivistische (subjektive Wirklichkeitskonstruktion) und systemische Grundannahmen wird deutlich, dass der Mensch nicht von außen vollständig in seinen Bewusstseins- und Handlungsformen verstanden werden kann. Auch können keine Lösungen ohne Einbeziehung des Anderen für ihn gültig produziert werden. Zentrales Charakteristikum von Beratung ist die Personenorientierung. Damit ist im Case Management gemeint, dass sich der Beratungsprozess an den unterschiedlichen Dimensionen, Wünschen, Sichtweisen und Einstellungen des anderen Menschen orientiert, ohne dort stehen zu bleiben. Aus den Bedürfnissen wird ein Bedarf formuliert (siehe oben: Zentrale Begriffe). Die Einmaligkeit einer Begegnungssituation lässt sich theoretisch nicht vorwegnehmen. Berater:innen müssen in der jeweiligen Situation vor dem Hintergrund unterschiedlicher Theorien und Konzepte, die „gedankliche Werkzeuge" sind, bezüglich des Verstehens und Handelns autonom in Verantwortung handeln (fachliche Autonomie). Das gilt auch für das Case Management: Alle erarbeiteten, standardisierten Instrumente sind letztlich nur zur Dokumentation da. Die Entscheidungen über Inhalte, Reihenfolge und methodisches Vorgehen stehen in der situativen Verantwortung der Berater:innen. Verantwortung im professionellen Kontext meint die Möglichkeit, die eigene Wahrnehmung und die getroffenen Interventionen im theoretischen und konzeptbezogenen Kontext zu begründen. Das lateinische Wort „professio" meint, in der Öffentlichkeit zu dem zu stehen, was man denkt, sagt und tut (vgl. die Bedeutung von Professor:in, Profession, professionellem Handeln). Im fachlichen Gespräch gibt es ein Ungleichgewicht zwischen der Verteilung von biographischem Wissen, Betroffenheit als Person, fachlichen Kompetenzen sowie Steuerungsmöglichkeiten des Gespräches. Jede professionelle Begegnung stellt somit eine komplementäre oder asymmetrische Kommunikationssituation dar. Die Beratenden entscheiden mit Blick auf fachliche Kriterien, was für sie relevant ist. Sie sind bezüglich der Anwendung von Kommunikationstechniken und Kommunikationsstrategien in der Regel im Vorteil und behalten eine fachliche Deutungshoheit. Dies vor allem auch deshalb, weil sie emotional und als Person nicht unmittelbar betroffen sind. Daher stehen sie in einer besonderen Verantwortung. Diese macht es erforderlich, Personen mit Unterstützungsbedarf verstehbar und transparent über Inhalte und Vorgehensweisen zu informieren, so dass sie die Möglichkeit haben, dem Beratungsprozess, den Zielen und Maßnahmen zuzustimmen oder sie abzulehnen. Dazu gehört eine weitestgehende Beteiligung (Partizipation) der Personen und ein primär unterstützendes (Supporter), dialogisches Gespräch mit dem Ziel zu führen, dass die Personen möglichst selbstbewusst (im Wortsinn: sich ihrer selbst bewusst), selbstbestimmt und selbstverantwortlich ihren Alltag gestalten können. Die Beratung sollte sie zur Selbstbestimmung befähigen („Empowerment"). Das Beratungsgespräch kann nicht „auf Augenhöhe" im Sinne von Gleichheit geführt werden, wohl aber kommt beiden Menschen eine gleiche Wertigkeit zu. Das Beratungsgespräch ist tendenziell dialogisch, aber die Anliegen, der Grad der Betroffenheit und Perspektiven bleiben different. In der Case Management-Beratung verbieten sich vorschnelle Lösungsproduktionen und vorschnelle fürsorgliche Verhaltensweisen durch die Beratenden. Vielmehr sind derartige Erwartungshaltungen der Personen mit Unterstützungsbedarf angemessen zurückzuweisen.

Case Management dient letztlich einer gewünschten Veränderung der Lebenssituation der Ratsuchenden. Die Beratenden müssen folglich in der Lage sein, ihre eigenen Interessen sowie ggfs. spontane Gefühle und Reaktionsweisen zurückzustellen, da diese häufig nicht hilfreich und den Ratsuchenden von anderen Menschen bekannt sind (volitionale, emotionale und automatisierte Handlungsregulation). Aus der Dienstleistungsbeziehung ergeben sich vielfache Spannungsfelder, die auch im Case Management relevant sind: Spannung zwischen Nähe und Distanz, ökonomischen Vorgaben und Lebensweltorientierung sowie individueller Hilfe und der Notwendigkeit von Homogenisierung und Standardisierung. Diese Spannungsfelder lassen sich theoretisch zwar differenzierter darstellen, aber sie lassen sich nicht im Vorhinein auflösen. Stattdessen müssen Beratende eine bewusste, professionelle Haltung sowie einen bewussten und transparenten Umgang („Takt"; vgl. Herman Nohl zum „Pädagogischen Bezug") mit diesen Spannungsfeldern in jeder konkreten Situation autonom finden, den sie bei Bedarf auch sprachlich ausdrücken und begründen können.

Beratungskonzepte

Die erkenntnistheoretischen Grundlagen und Charakteristika sind Bestandteile von Beratungskonzepten. Zwei unterschiedliche Konzepte, die im Rahmen Sozialer Arbeit relevant sind und die um das Konzept Case Management ergänzt werden können – oder andersherum formuliert: die der Anwendung von Case Management zugrunde liegen können –, werden im Folgenden beispielhaft vorgestellt. Es handelt sich um die subjektorientierte, lebensweltorientierte Beratung und um systemische Beratungsformen.

„Lebenswelt" ist ursprünglich ein phänomenologischer Kunstbegriff von dem Hauptprotagonisten dieser erkenntnistheoretischen Richtung, Edmund Husserl. Er beabsichtigt, das Eigentliche (Eidos), das nicht ausgedrückt werden

kann, nämlich die gesamte Welt eines einzelnen Lebens, mit einem Wort sprachlich auszudrücken. Zwei undefinierbare Begriffe – Leben und Welt – werden zusammengeführt. Im Gegensatz zum philosophischen Denken vom Subjekt aus, wie etwa bei Kant, und der Entwicklung großer Weltsysteme, wie etwa bei Hegel, wandte Husserl sich der Welt des Lebens eines einzelnen Menschen zu und wollte in dieser Zuwendung Philosophie begründen. In der Folge entstanden bedeutsame philosophische und auch soziologische Schulen, denen Beratungskonzepte folgen können.

Lebensweltorientierung im beratenden Kontext meint zuallererst die Hin- und Zuwendung zu den unterschiedlichen Dimensionen eines einzelnen Lebens in seiner Gesamtheit. Dieser Anspruch einer Gesamtschau – die letztlich unmöglich ist und nur in Annäherungen gelingen kann – meint mehr als die Summe der Betrachtung einzelner Lebensbereiche (Aristoteles), weil diese in einer Wechselwirkung zueinander stehen. Synonym zu dem Begriff Lebenswelt wird der Begriff Alltag verwandt (vgl. Hans Thiersch). Sozialwissenschaftlich kommt er vor allem in marxistischen Theorien zur Sprache. Der kapitalistische Alltag äußere sich als Entfremdung der Menschen von sich selbst und als Ausnutzung der Arbeiter durch Besitzende. In der Folge arbeitete Karel Kosik heraus, dass der kapitalistische Alltag zu vielen unbewussten Entfremdungsprozessen führe, zu einem pseudokonkreten Leben (vgl. Kosik 1986, S. 9). Nur ein Teil des Handelns im Alltag sei bewusst, ein Großteil finde unbewusst statt.

In dem sozialpädagogischen Konzept der Lebensweltorientierung (vgl. Thiersch 2020) werden mit Blick auf die Dimensionen soziale Bezüge, Räume und Zeiten pseudokonkrete Zusammenhänge zwischen sozialen (gesellschaftlichen) Vorgaben und Zuschreibungen (symbolischer Interaktionismus) sowie dem Bewusstsein und Verhalten einzelner Menschen herausgearbeitet und aufgeklärt, um den Ratsuchenden die Möglichkeit zu geben, ihre Bewusstseins- und Handlungsformen zu verändern und zu erweitern.

Für Beratung im Rahmen von Case Management ist relevant, dass erstens der Bedarf der Ratsuchenden in ihrer gesamten Lebenssituation im Vordergrund steht und hinter den Phänomenen und geäußerten Sachverhalten stehende Inhalte mit im Blick sind, um allgemeine Problemäußerungen strukturieren und mit Prioritäten versehen zu können (im Rahmen der Phase des Assessments), ohne diese durch die oder den Case Manager:in bearbeiten zu wollen. Soziale Arbeit als Profession geht an dieser Stelle vor dem Hintergrund lebensweltorientierter Struktur- und Handlungsmaxime tiefer und weiter als Case Management. Case Management von Sozialarbeitenden ausgeführt erfährt an der Stelle psychosozialer Begleitung häufig eine Ergänzung und Vertiefung.

Als *„soziales System“* bezeichnen wir sozial Handelnde, die durch einen definierten Sinn, Regeln und/oder Beziehungen miteinander verbunden sind und sich durch eine Grenze von ihren Umwelten unterscheiden. Soziale Systeme können ausgemacht werden auf gesellschaftlicher Ebene (Makrosysteme), auf der Ebene von Organisationen (Mesoebene) und auch auf der mitmenschlichen, kommunikativen Interaktionsebene (Mikroebene). Systeme werden entweder als von innen heraus, autopoietisch mit Blick auf bipolare Sinnzusammenhänge, oder auch von außen (allopoietisch) als steuerbar betrachtet. In jedem System kommen Einzelteile, die miteinander verbunden sind, in den Blick. Dabei ist die Summe der Einzelteile mehr als ihre Addition, es entsteht eine eigene Qualität. Die Idee, soziales Miteinander als System zu begreifen, ist eine Konstruktion: System ist kein ontologischer („wie ist soziale Wirklichkeit wirklich?“), sondern ein erkenntnistheoretischer Begriff („wie kann ich soziale Wirklichkeit erkennen?“). Es gibt äußerst unterschiedliche systemische Ansätze. Allen gemeinsam sind zwei Konsequenzen für Beratung. Zum einen die Einschätzung, dass für Personen nicht von außen gültige Lösungsansätze produziert werden können, und zum zweiten, dass soziale Wirklichkeit von Personen immer im Kontext zu betrachten ist. Diese beiden Aspekte von Beratung gelten auch für das Case Management. Die Annahme, dass Personen in ihren Relevanzen und Abhängigkeiten handeln, führt auf der Technikebene von Beratung vor allem dazu, Fragen zu stellen und keine (vorschnellen) Antworten zu geben.

Beratungstechniken

Für Case Management ist relevant, primär über kommunikative Fragetechniken soziale Wirklichkeitssituationen aufzunehmen und Bedarfseinschätzungen vorzunehmen. In Case Management-Schulungen sind viele Fragen der Teilnehmenden gar nicht auf die Spezifik des Case Managements ausgerichtet, sondern auf allgemeine Beratungstechniken: Was mache ich, wenn hilfebedürftige Menschen keine Hilfen möchten? Wie kann ich mich verhalten, wenn Veränderungsnotwendigkeiten gar nicht gesehen werden und immer nur die Case Manager:in in die Rolle gebracht wird, aktiv zu sein und stellvertretend zu handeln? Und ähnliche Fragen mehr …

In der Fachliteratur geraten immer mehr allgemeine Beratungstechniken in den Fokus, die mit Case Management in Verbindung gebracht werden: stärkenorientierte Ansätze (Ehlers, Schuster, Müller 2017), motivationsfördernde (Vogt, Schmidt, Schu 2003) oder lösungsorientierte Beratung. Im Hintergrund steht die Erfahrung, dass Hilfeprozesse, die im Zuge eines Case Management-Prozesses initiiert werden, nur dann angenommen werden, wenn sie auch die Bedürfnisse der Ratsuchenden angemessen treffen. Im Folgenden sollen beispielhaft systemisches, lösungsorientiertes und motivationsförderndes Beraten in ihren Grundlagen sowie mit Blick auf anwendbare Techniken kurz eingeführt werden. Zu bedenken ist, dass es zu allen Beratungstechniken umfangreiche eigene Konzepte und Weiterbildungen gibt.

Systemisches Denken bedient sich eines zirkulären Erklärungsmodells, in dem alle Kommunikationspartner miteinander verbunden sind. Im Fokus stehen die Fragen: „Wie gehen sozial Handelnde miteinander um?" „Welche Auswirkungen hat dieser Umgang?" Und: „Wie kann sich das ändern?". Die Frage „warum?" steht im Hintergrund. Systeme folgen einem Homöostasemodell, in dem alle Mitglieder eine Funktion übernehmen, um die Balance des Systems insgesamt zu halten, und sie stehen immer im Austausch zu ihrer Umwelt. Systemisches Fragen macht sich zum einen zunutze, dass die Veränderung eines Systemmitglieds wie in einem von der Decke hängenden Mobile auch alle anderen in Veränderung bringt, und zum Zweiten, dass sie von außen zumindest irritiert werden können. Eine beraterische, systemische Grundhaltung ist ohne Bewertung gegenüber den Personen neugierig auf die Eigenlogik eines Systems, wertschätzend gegenüber den Menschen und ihren Lösungsversuchen, ressourcen- und lösungsorientiert sowie dem System die Veränderung zutrauend ausgerichtet. Aufgabe systemisch Beratender ist, aufdeckende Fragen zu stellen, Ressourcen zu aktivieren, mittels offener Fragen zum Denken anzuregen sowie die Veränderungs- und Lösungspotentiale der Systemmitglieder zu aktivieren. Typische Fragen dienen der Überprüfung der geäußerten Hypothesen, der aufklärenden Einbeziehung von Kontextfaktoren, einem Rollenwechsel durch zirkuläre Fragen, dem Sichtbarmachen alternativer Handlungsformen sowie nicht genutzter Ressourcen.

Lösungsorientierte Fragen sehen wertschätzend und ressourcenorientiert den:die Ratsuchende:n als Expert:in in eigener Sache. Sie bauen auf Wertschätzung, aktives Zuhören, Freiwilligkeit, Akzeptieren bisheriger Lebensentwürfe und Unterstützung kreativer Lösungen in die Zukunft hinein auf. Typische Fragen sind zum Beispiel: Was meinen Sie, sollte sich ändern? Was können Sie sich vorstellen zu tun? Welche Handlungsmöglichkeiten sehen Sie? Was bedeutet eine Veränderung für Sie? Was ist der nächste Schritt? Was wäre das kleinste Anzeichen für Sie, dass sich eine Veränderung lohnt? Wie sorgen Sie dafür, dass die veränderte Situation stabil bleibt? Hilfreich sind darüber hinaus

„Türöffner-Fragen“: Möchten Sie darüber sprechen? Kann ich Ihnen dabei helfen? Und auch der Hinweis: Darüber möchte ich gerne mehr hören. Ziel lösungsorientierten Fragens ist es, ein verändertes Bewusstsein zu erzeugen, bei dem die Anzahl der Wahlmöglichkeiten erhöht wird, neue Sichtweisen und Handlungsformen entwickelt werden, damit nicht immer wieder Routinen in bekannte Schwierigkeiten bringen, sowie Funktionierendes zu stärken und aus Ohnmachtsgefühlen herauszuführen.

Motivationsfördernde Beratung geht davon aus, dass Motivation im Sinne einer Gesamtheit von Antrieben, wie zum Beispiel Bedürfnissen, gerichteten Gefühlen, Trieben, tätig zu sein, grundsätzlich bei den Ratsuchenden vorhanden ist. Motivation selber ist nicht beobachtbar, wohl aber sind es die Ergebnisse. Insofern ist Motivation ein „hypothetisches Konstrukt“. Motivation wird als wechselseitiges, interaktionales und damit gestaltbares Phänomen begriffen, weniger als Persönlichkeitskonstante. Zentrale Grundannahme ist, dass jede:r die Bereitschaft und das Potential zur Veränderung in sich trägt. Insofern ist die Grundhaltung in Beratung offen für Sichtweisen der Ratsuchenden. Sie gesteht Entscheidungsfreiheit zu und fördert diese. Sie ist gekennzeichnet durch tendenzielle Partnerschaftlichkeit und eine konstruktive Atmosphäre, die Veränderung zulässt, jedoch keinen Druck ausübt und Veränderung nicht erzwingt. Lernintensive Motive sind Neugier, Erkundung von Neuem, Bewegungslust, Erfolgserleben, Leistungswille, Selbstwertgefühl und auch Altruismus. Primäre Aufgabe der Beratenden ist es, Barrieren aus dem Weg zu räumen, und auf keinen Fall, für die Ratsuchenden Lösungen zu produzieren. Barrieren äußern sich häufig über Ambivalenzen und Widerstände, die sich zum Beispiel in „Ja, aber …“-Sätzen äußern. Zu erfragende Komponenten von Motivation sind bezogen auf die Absicht: Wie wichtig ist eine Veränderung? Bezogen auf die Fähigkeiten: Welche Zuversicht besteht für eine Veränderung? Und bezogen auf die Bereitschaft: Wie wichtig ist die Veränderung?

Veränderungsmotivation soll aufgebaut werden durch Empathie, die Entwicklung von Diskrepanzen zum Bisherigen, Verzicht auf Argumentationen, Stärkung der Zuversicht von Handlungsfähigkeit und ein Mitgehen mit dem Widerstand. Sofern Veränderungsbereitschaft deutlich wird, werden Veränderungszielfindungen und -wege unterstützt, formuliert, abgeklärt und konkretisiert. Entscheidender Punkt ist die Unterstützung der Absicht, Veränderungen zu sehen und umzusetzen gegen eine Ohnmachtsperspektive und Absichtslosigkeit, die im Laufe des Prozesses als erlerntes, routiniertes Verhalten immer wieder auftreten kann.

Systemisches Fragen, eine lösungsorientierte Grundhaltung sowie motivationsfördernde Techniken können je nach Handlungsfeld kommunikative Voraussetzungen sein, Assessment und Serviceplan im Case Management durchzuführen und bei den Adressat:innen eine Bereitschaft zu erwirken, professionelle Hilfen anzunehmen. Im Rahmen von Case Management-Prozessen macht es Sinn, systemische, lösungsorientierte und motivationsfördernde Beratungstechniken anwenden zu können. Die Anwendung der Techniken ist allerdings voraussetzungsvoll. Sie ist nicht für alle Professionen möglich, und sie ist auch nicht in allen Handlungsfeldern erforderlich. Im Rahmen des Qualitätsmanagements einer Organisation sollten Beratungsgrundlagen von Case Management formuliert werden.

Die beispielhaft und äußerst kurz dargestellten Kommunikationsformen können zum Beispiel um stärkenorientierte Beratungsformen oder Kommunikation in Konfliktsituationen ergänzt werden.

3.2 Phasen im Case Management-Prozess – Inhalte und Instrumente

Im ersten Kapitel wurden die Phasen auf der Einzelfallebene im Überblick bereits benannt, um ein differenzierteres, erstes Verständnis von Case Management zu erarbeiten und die Verbindungen der drei Ebenen zueinander zu veranschaulichen. Die Implementierungsmöglichkeiten mit Blick auf alle Phasen werden nun mit Beispielaufgaben dargelegt. Im Folgenden werden konkrete Hinweise gegeben, wie Case Management auf allen Ebenen implementiert werden kann. Zudem werden die Phasen differenzierter mit Beispielinstrumenten erläutert, so dass die Inhalte und der Zweck der Phasen deutlicher werden. Im Zentrum stehen die fünf Hauptphasen des Case Managements: Assessment, Serviceplan, Linking, Monitoring und Evaluation.

In der sozialarbeiterischen Praxis zeigt sich, dass die Phasen nicht in der Gänze so durchgegangen werden, wie es die Theorie idealtypisch vorsieht. Vielmehr werden in der Regel relevante Themenbereiche angesprochen und auf eine erste Lösung zugeführt. Dann wird der nächste Themenbereich bearbeitet. Assessment und Serviceplan gehen also in der Praxis häufig ineinander über. Trotzdem macht es Sinn, in der Theorie als Anschauungs- und Strukturierungsmöglichkeit der eigenen Praxis diese Phasen idealtypisch in Abgrenzung zueinander darzustellen.

Die Eingangsphase, die in der Literatur mitunter auch als die anderen fünf Hauptphasen ergänzende, eigene Hauptphase beschrieben wird, beinhaltet wie bereits dargestellt drei einzelfallbezogene sowie einen einzelfallübergreifenden

Inhalt. Die Fallfindung („Case finding" mit Hilfe eines „Screening-Instrumentes"), die sichere Überführung der Person mit Unterstützungsbedarf zu einer Case Management-tragenden Stelle (Access) sowie die transparent informierende Hineinnahme in den Case Management-Prozess und die Auftragsklärung (Intake) können in Teilen auch von anderen Mitarbeitenden anderer Organisationen übernommen werden. Das Case Finding kann auch fallbegleitend in Regelverläufen immer wieder stattfinden. Fallunabhängig sorgt die Case Management-tragende Organisation dafür, dass die Ratsuchenden sowie alle potentiell zuweisenden Organisationen im Netzwerk alle notwendigen Informationen haben (Outreach), um sich im Bedarfsfall an die Case Management-tragende Organisation wenden zu können. Diese vier Inhalte werden differenziert mit Blick auf die zugrundliegenden Techniken und Instrumente im anschließenden Kapitel erläutert.

Deswegen wenden wir uns hier unmittelbar der ersten Hauptphase im Case Management, dem Assessment, zu, die von einer:m Case Manager:in nach der Auftragsklärung (Intake) durchgeführt wird.

Assessment meint aus dem Englischen übersetzt: Bewertung, Beurteilung, Einschätzung. Vergleichbare Begriffe, die häufig synonym verwandt werden, die aber etwas anderes meinen, sind Anamnese und Diagnose. Anamnese meint die Aufnahme der Erinnerung, zum Beispiel einer Krankheitsgeschichte. Diagnose bezeichnet hingegen das „Durch-und-durch-Erkennen", die beurteilende Einschätzung eines definierten Themenbereichs. Im Assessment liegt der Fokus weniger auf der Vergangenheit als bei der Anamnese. Case Manager:innen wollen lediglich herausfinden, welche zusätzlichen professionellen Dienste in dieser Einzelfallsituation bedarfsdeckend beteiligt und gegebenenfalls koordiniert werden müssen. Fachdienste führen medizinische, pflegerische, psychische oder soziale Diagnosen durch, Case Manager:innen bleiben hingegen bildlich gesprochen auf einer *„mittleren Flughöhe"*. Die Fachdienste schauen sich Einzelthemen wie zum Beispiel Sucht, Schulden, Erziehung, Pflege differenziert und genau auf einer „unteren Flughöhe" an. Insofern führen Case Manager:innen im Zentrum keine Anamnesen und auch keine Diagnosen durch, selbst wenn eine (Krankheits-)Geschichte relevant ist und bewertende Einschätzungen vorgenommen werden.

Im Case Management meint Assessment die Inhalte einer phänomennahen und einer systematischen Situationsaufnahme sowie einer gemeinsamen Bedarfseinschätzung, die sich im Ergebnis-Assessment ausdrückt.

Während der Situationsaufnahme ist die primäre Aufgabe der Case Manager:innen zuzuhören, wahrzunehmen und für das eigene Verständnis nachzufragen. In der *phänomennahen Situationsaufnahme* wird versucht, das tatsächliche Anliegen und den Eigensinn der Ratsuchenden im positiven, wertschätzenden Sinn aufzunehmen und diesen nach Möglichkeit auch stichwortartig festzuhalten, um während des Beratungsgespräches immer wieder auf das ursprüngliche Anliegen Bezug nehmen zu können. Allgemeine Fragen führen in das Gespräch ein: „Was ist Ihr Anliegen?" „Was kann ich für Sie tun?" Gegebenenfalls werden mit Blick auf die Handlungsfelder erste allgemein strukturierende Fragen formuliert. Diese können als Beispiele zur Unterstützung einer phänomennahen Situationsaufnahme schriftlich in einem Konzept oder im Rahmen des Qualitätsmanagements festgehalten werden.

Im Hintergrund der *systematischen Situationsaufnahme* liegt ein standardisiertes Dokumentationsinstrument. Da mit Hilfe von Case Management mit Blick auf den Bedarf der Ratsuchenden in ihrer aktuellen Situation alle notwendigen Dienste ausfindig gemacht werden sollen, bietet es sich an, alle mit Blick auf das Handlungsfeld relevanten Lebensbereiche vorab in einer Tiefe der Erfassung zu notieren, die notwendig ist, um relevante Dienste benennen zu können („mittlere Flughöhe"). Diese relevanten Lebensbereiche, zum Beispiel Beruf, Familie, soziales Umfeld, Wohnen, Freizeit, psychische und physische Gesundheit sowie Finanzen werden zuvor mit allen Case Manager:innen ausfindig gemacht und formuliert. Es macht Sinn, die einzelnen Lebensbereiche inhaltlich zu gliedern, um schnell relevante Lebensbereiche dokumentieren zu können. Die Lebensbereiche fließen in ein standardisiertes Dokumentationsinstrument ein. Das tabellarische Instrument enthält auf der Vertikalen hierarchisch gegliedert die Benennung sowie notwendige Differenzierung aller Lebensbereiche. Die aufgeführten Lebensbereiche können mit Hilfe eines Glossars fachlich spezifiziert werden. Die hierarchische Gliederung erlaubt, innerhalb eines Lebensbereiches nur so tief einzusteigen, wie es für die Bedarfsfeststellung notwendig ist. An dieser Stelle sei noch einmal betont: Nur das Dokumentationsinstrument ist standardisiert, nicht die Beratung. Das Instrument ermöglicht eine systematische, differenzierte Dokumentation. Die im Instrument hinterlegten Grade der Differenzierung sind in einem konkreten Beratungsprozess im Rahmen des Assessments häufig nicht notwendig. Das Instrument ist keine Checkliste, kein Ersatz für die fachliche Autonomie, wohl aber beinhaltet es einen fachlichen Mindeststandard: An alle zuvor ausfindig gemachten und formulierten, relevanten Lebensbereiche wird in jedem Case Management-Prozess grundsätzlich gedacht.

Die *Lebensbereiche* werden sowohl mit Blick auf die vorhandenen *Stärken und Ressourcen* erhoben als auch mit Benennung der ungelösten Herausforderungen. Die Herausforderungen können zum Beispiel standardisiert zu den jeweiligen Lebensbereichen mit hoch, mittel und niedrig gekennzeichnet werden, während die Ressourcen in Beziehung zu den Lebensbereichen oder den Herausforderungen mit Überschuss, ausreichend oder als zu gering bewertet werden können. Es macht Sinn, über Freifelder die Bewertungen bei Bedarf kurz näher beschreiben zu können. Case Management betont und unterstützt eine Ressourcen- und Stärkenorientierung. Nicht selten können Hilfesituationen über ein Sichtbarmachen und Unterstützen der Stärken und Ressourcen geklärt werden. Eine, den Ratsuchenden häufig bekannte, Problemfokussierung kann kontraproduktiv sein. In die Situationsaufnahme können *mehrere Perspektiven* einfließen: die der Ratsuchenden, evtl. die von relevanten Zu- und Angehörigen, die der Case Managerin bzw. des Case Managers sowie zum Beispiel medizinische Gutachten Dritter. Die systematische Situationsaufnahme erfolgt also mehrperspektivisch. In die Situationsaufnahme können gesonderte Instrumente je nach Handlungsfeld einfließen, zum Beispiel Netzwerkkarten, Genogramme, standardisierte Messverfahren oder andere Tests. Maßgabe der Anwendung zusätzlicher Instrumente je nach Handlungsfeld ist: so viel wie nötig und so wenig wie möglich. Während Soziale Arbeit eine Sozialdiagnose durchführt und hierzu gegebenenfalls gesonderte Instrumente benötigt, sind diese im Case Management nicht notwendig. Aber Case Management als Konzept ermöglicht es, unterschiedliche Instrumente und Techniken anzuwenden, insbesondere wenn die Form des begleitenden Case Managements angewandt wird. Unterschiedliche Sichtweisen, zum Beispiel zwischen Ratsuchenden und Angehörigen, werden festgehalten und in dem Beratungsgespräch sichtbar gemacht und nach Möglichkeit auf eine *gemeinsame Verständigung* zugeführt. An dieser Stelle ist es hilfreich, Kommunikationstechniken im Umgang mit Konflikten anwenden zu können. In aller Regel sind eine systemische Grundhaltung sowie Fragetechniken und motivationsfördernde Beratungstechniken hilfreich, damit die Ratsuchenden und ihre Angehörigen ihre Sichtweisen auch darstellen. In einigen Handlungsfeldern sind auch spezifische Kommunikationsformen zum Beispiel unterstützte Kommunikation oder Validation anzuwenden.

Nach der systematischen Situationsaufnahme und gegebenenfalls einer Besprechung unterschiedlicher Perspektiven erfolgt die Interpretation und Bewertung, die *Bedarfseinschätzung*. Diese findet in Rücksprache statt. Die Bedarfsfeststellung beinhaltet eine Prioritätensetzung der Lebensbereiche, in denen es einen Bedarf gibt, sowie die Festlegung, ob es einen Interventions- und Handlungsbedarf (zum Beispiel dargestellt im Instrument mit der Farbe Rot), einen weiteren Beobachtungsbedarf (zum Beispiel gelb unterlegt) oder auch keinen professionellen Handlungsbedarf gibt (grün hinterlegt). So entsteht im Ergebnis ein Überblick über Lebensbereiche, in denen es mit einer vereinbarten Priorität einen Handlungs- oder Beobachtungsbedarf gibt – das Ergebnisassessment. Für den weiteren Hilfeprozess ist zentral, dass die Ratsuchenden und gegebenenfalls auch ihre Angehörigen ihre ursprünglichen Wünsche und Bedürfnisse in dem Ergebnis-Assessment wiederfinden, dieses teilen und als Grundlage des folgenden Hilfeprozesses annehmen. Vorschnelle Interpretationen der Case Manager:innen können dazu führen, dass die Ratsuchenden die spätere Hilfe nicht annehmen, weil sie doch nicht (so) relevant erscheint. Mit dem Konzept Case Management, das sei an dieser Stelle noch einmal betont, folgen Beratende den Prinzipien der Freiwilligkeit und der Selbstbestimmung der Personen mit Unterstützungsbedarf, nicht vorrangig der Idee von Intervention und Fürsorglichkeit.

Die Bedarfsfeststellung ist eine gemeinsame Interpretation der komplexen Lebenssituation, die zuvor in einzelnen Bereichen angeschaut wurde. Diese Form der Komplexitätsreduktion lässt erwarten, dass ein reduziertes Gesamtbild entsteht. Wie ein Smiley ein Gesicht reduziert wiedergibt, so gibt die Priorisierung im Ergebnis-Assessment komplexitätsreduziert die wichtigsten Hilfebereiche, anhand derer die komplexe Hilfesituation bedarfsorientiert bearbeitet werden kann, wieder.

Eine klassische Reduzierung der Wirklichkeit in Lebensbereiche über die systematische Dokumentation und eine Komplexitätsreduktion im Ergebnis-Assessment werden im Assessment ergänzt.

Ein tabellarisches Dokumentationsinstrument zur multiperspektiven, lebensbereichsbezogenen Situationsaufnahme und Bedarfsfeststellung kann beispielsweise ausschnitthaft wie folgt aussehen: Die Lebensbereiche befinden sich inhaltlich und hierarchisch geordnet auf der Vertikalen, die Situationsaufnahme und Bedarfsfeststellung auf der Horizontalen:

	Multiperspektivisch (Ressource und Herausforderung)			Bedarf/Priorität	
	Adressat	Andere	CM	Bedarf	Priorität
1. Bereich: Wohnen – Bad – Dusche – Toilette – ... – ...			z. B. Ampel-system		z. B. 1 2 3
2. Bereich: Finanzen ...					
3. Bereich: Gesundheit ...					
4. Bereich:					

Abb. 10: Assessmentinstrument (Basisdokumentation)

Die Ressourcen und Herausforderungen werden in der Regel getrennt erhoben. Sie können mit standardisierten Bewertungsmöglichkeiten hinterlegt werden, zum Beispiel „+“ und „-“-Zeichen oder Zahlen. Diese Zeichen sollten beschrieben und gegebenenfalls auch mit Beispielen belegt werden, damit es eine Verständigung darüber gibt, welche Zeichen was bedeuten. Zudem enthalten die meisten Assessmentinstrumente eine Möglichkeit, den standardisiert angegebenen Inhalt in einem Freitext zu spezifizieren, weil ansonsten wichtige Beratungsinhalte für den weiteren Hilfeprozess verloren gehen.

In der Regel werden *Softwarelösungen* gefunden. Ein Softwareprodukt zu entwickeln, das den hohen Datenschutzstandards der Sozialen Arbeit entspricht, ist ein eigenes Entwicklungsprojekt, bei dem über ein Pflichtenheft die Sprachen der Beratenden und der Informatiker:innen aufeinander zugeführt werden.

Die Dokumentation kann während des Beratungsgespräches oder auch im Anschluss stattfinden. Die bisherige Erfahrung hat gezeigt, dass die Akzeptanz zum Beispiel eines Laptops im Beratungsgespräch vor allem von der Haltung, einer selbstverständlichen Erklärung und Anwendung der beratenden Person abhängt.

Im Anschluss an eine gemeinsame Strukturierung der Hilfesituation und dem Erkennen von Bedarfsbereichen folgt im Case Management der *Serviceplan*. Der Begriff Serviceplan wurde seitens der Deutschen Gesellschaft für Care und Case Management zur *Bezeichnung* dieser Phase gewählt, um zum einen eine Verwechselung mit anderen Begriffen insbesondere dem der Hilfeplanung zu verhindern. Denn Hilfeplanung ist im Rahmen des SGB VIII ein feststehender Begriff, um für Kinder und Jugendliche passende Hilfeformen zu finden und zu finanzieren. Der Hilfeplan im SGB VIII ist aber nicht auf alle Lebensbereiche der Kinder und Jugendlichen bezogen, und in der Konsequenz geht es nicht primär darum, ein vernetztes Versorgungssystem aufzubauen und Dienste zu koordinieren. Zum anderen soll mit dem Begriff „Serviceplan“ der Charakter der Dienstleistung und Unterstützung betont werden. Zur Bezeichnung kann es je nach Handlungsfeld auch noch unterschiedliche Begriffe wie zum Beispiel Teilhabeplan, Versorgungsplan, Rehaplan usw. geben.

In dieser Phase werden vor allem Ziele erarbeitet und ein Maßnahmenplan zusammengestellt.

Im Rahmen des Case Managements sind zwei Zielebenen relevant. Zunächst ist für Ratsuchende hilfreich, ihre Energie auf ein Ziel auszurichten, das sie am Ende des Hilfeprozesses erreichen möchten. Diese Zielebene lässt sich zum Beispiel als *Wirkungsziel* bezeichnen (der Begriff ist nicht festgelegt, in der Literatur finden sich unterschiedliche Begriffe). Die Bedeutung des Wirkungszieles ist für die Ratsuchenden hoch. Leider wird in Beratungsprozessen oft auf Zielformulierungen verzichtet. Stattdessen werden direkt Maßnahmen und Lösungsvorschläge formuliert. Damit wird den Personen ein Teil ihrer eigenen Kraft und Selbstbestimmung verwehrt. Deswegen soll die Bedeutung eines Wirkungszieles kurz illustriert werden:

Das Ziel eines halbseitig gelähmten Mannes nach einem sehr schweren Schlaganfall war es, Weihnachten die Weihnachtsgans wieder alleine essen zu können. Allen beteiligten Fachkräften schien dies Ziel unrealistisch. Aber weil der Mann einen starken Willen hatte, haben sich alle beteiligten professionellen Helfer:innen hinter dieses Ziel gestellt und alle Maßnahmen darauf ausgerichtet. Gegen die fachliche Einschätzung hat der Mann sein Ziel von April bis Dezember erreicht. Es machte Sinn, den Mann sich ausrichten zu lassen und mit seiner willensstarken Ausrichtungs- und Heilungsenergie zu arbeiten.

Aus den im Assessment festgelegten Bedarfsbereichen lassen sich nun diesem Wirkungsziel, das nach Möglichkeit in der Sprache der Personen festgehalten wird, damit sie in ihrer Ausrichtung und Kraft bleiben, *Bereichsziele* zuordnen. Eine „Zielpyramide" lässt sich so schnell erarbeiten: Ratsuchende benennen ihr Wirkungsziel, und diesem zugeordnet werden aus den Lebensbereichen, in denen professionelle Hilfe notwendig ist, Bereichsziele formuliert: Bedürfnisse und Fachlichkeit werden auf diese Weise im Serviceplan zusammengeführt. Zu den Bereichszielen lassen sich dann Maßnahmen, dies sind im Case Management Professionen und Dienste, zuordnen. Die beteiligten Fachdienste legen dann später für sich konkrete *Handlungsziele* fest, denen wiederum Handlungsformen zugeordnet werden können. Im Rahmen des Case Managements bietet sich nur dann an, im Serviceplan Handlungsziele zu formulieren, wenn diese auf Maßnahmen zuführen, die entweder von der Person mit Unterstützungsbedarf und ihrem primären sozialen Umfeld durchgeführt werden oder direkt von dem/der Case Manager:in. Sofern der/die Case Manager:in in dem Hilfeprozess auch als Fachdienst fungiert, kann dies ebenfalls auf der Handlungszielebene festgehalten werden. Ansonsten ist diese Zielebene den Fachdiensten vorbehalten. Neben dem Serviceplan kann auch eine To-do-Liste erstellt werden, die festhält, welche Aktivitäten die Ratsuchenden sowie ihre An- und Zugehörigen selber übernehmen.

Alle Ziele sollten nach den SMART-Kriterien formuliert werden:

- Spezifisch-konkret: klar und eindeutig
- Messbar: möglichst mit Kriterien versehen
- Akzeptabel: attraktiv und motivierend

- Realistisch: erreichbar sowie
- Terminiert: zeitlich eingegrenzt

Ziele sollten stets sprachlich positiv und verständlich (alltagstauglich für die Ratsuchenden) formuliert werden. Sie müssen ethisch und fachlich vertretbar sein und regen nach Möglichkeit zur Selbstaktivität an.

Ratsuchenden fällt es oft nicht leicht, kognitiv Ziele zu formulieren. Mitunter ist es ratsam, anstelle von Zielen Bewegungsrichtungen und Charakteristika der Ratsuchenden aufzunehmen, um die Ausrichtung auf ein angestrebtes Wirkungsziel hin erkennen und aus dem Assessment zu bearbeitende Bereiche zuordnen zu können.

Im Anschluss werden den Bereichszielen im *Maßnahmenplan* Dienste beziehungsweise Maßnahmen, Ausführende, ein Zeitplan sowie je nach Gegebenheit Kosten und Kostenträger zugeordnet. Vom Ergebnisassessment zum Serviceplan wird also herausgefunden, wozu welche Unterstützungsleistungen wann hinzugezogen werden und zu koordinieren sind, wie viel sie kosten und wer die Kosten übernimmt. Dabei folgt auch der Serviceplan dem Subsidiaritätsprinzip: Selbstsorge geht vor informeller Unterstützung, und diese hat den Vorrang vor professionellen Hilfen. Zusätzlich können Indikatoren, die erkennen lassen, dass das Ziel erreicht wurde, sowie im Rahmen des Monitorings erste Überprüfungen des Zielerreichungsweges benannt werden.

Maßnahmen meinen im Case Management Dienste und Beratungsstellen, die bedarfsorientiert zu beteiligen sind. Ausführende sind die konkreten Dienste und gegebenenfalls auch Personen, die den Dienst ausüben. Dieser Punkt kann erst eingetragen werden, wenn der konkrete Dienst feststeht. Der Zeitplan legt fest, wann der Dienst beginnen und wann das Bereichsziel erreicht sein soll. Der Serviceplan dient als Grundlage des gesamten Hilfeprozesses. Bis zur Kontaktaufnahme und auch gegebenenfalls darüber hinaus kommen den Personen mit Unterstützungsbedarf, ihren Angehörigen oder der/dem Case Manager:in Aufgaben zu, zum Beispiel Kontakt zu einem Dienst aufzunehmen, Informationen zu besorgen usw. Diese können – wie bereits angeführt – in einer zusätzlichen To-do-Liste mit den Verantwortlichen, der Handlung und dem Zeitplan festgehalten werden. Es macht Sinn, diese konkreten Aufgaben nicht in den Serviceplan hineinzuschreiben.

Die Case Manager:innen, die mit dem Handlungskonzept des Case Managements arbeiten, können entscheiden, ob sie den Serviceplan um Inhalte ergänzen, die das Monitoring betreffen, um auch den weiteren Prozess verlässlich zu gestalten. Dann werden Indikatoren bestimmt, die Personen, die anhand der Indikatoren die Zielerreichung überprüfen, sowie ein Zeitpunkt, wann die Überprüfung stattfinden soll.

Der Serviceplan kann unterschrieben werden, um die Verbindlichkeit der vereinbarten Basis und die weiteren Aktivitäten, auch die Schritte der Selbsthilfe, zu dokumentieren. Diese Unterschriften haben zwar keine Rechtsverbindlichkeit, erzeugen aber in der Regel eine höhere Verlässlichkeit. Ein Serviceplan kann schematisch dargestellt wie folgt aussehen:

Name: Wirkungsziel:

Bereichs-ziele (BZ)	Maß-nahmen	Durch-führende	Zeitplan (Beginn, Ende)	Kosten	Kosten-träger
BZ 1					
BZ 2					
BZ 3					
BZ 4					
...					

Auftrag an Case Manager:in:
Ort, Datum, Unterschriften Case Manager:in und Adressat:in: ____________________

Abb. 11: Serviceplan-Muster

Dem Serviceplan schließt sich die Kontaktaufnahme zu den zu beteiligenden Professionen und Diensten an. Da Case Manager:innen neutral zu gleichen Angeboten im regionalen Versorgungsgefüge sind, suchen Personen mit Unterstützungsbedarf die Dienste aus, nicht die Case Manager:innen. Wenn diese Regel nicht beachtet wird, droht das notwendige Vertrauen der Dienste im Netzwerk, diese koordinieren zu können, abhanden zu kommen.

Verbindungen zu den zu beteiligenden Diensten herzustellen, wird in der Phase *Linking* abgebildet. Diese lässt sich in vier Teilschritte unterteilen (vgl. Wissert 2007, S. 82): Vorbereitung, Vermittlung, Anpassung und fallbezogene Vernetzung der Hilfen. Zunächst sind die Personen mit Unterstützungsbedarf über die Leistungen der Dienste zu informieren, so dass ihre Fragen geklärt und ihre Erwartungshaltungen durch sie selbst überprüft werden können. Gegebenenfalls müssen Personen mit Unterstützungsbedarf zwischen konkurrierenden Diensten auswählen. Dann können sie durch die Erarbeitung von Auswahlkriterien und Möglichkeiten der Kontaktaufnahme vorbereitet werden. Sofern Case Manager:innen den Kontakt zu den Diensten vornehmen, ist häufig angeraten, die Dienste mit Blick auf die Situation und die Erwartungshaltungen der Person, die den Dienst in Anspruch nehmen wird, spezifisch vorzubereiten. Aber auch hier gelten das Subsidiaritätsprinzip und der Vorrang der Rolle des Supporters. Nach der Vorbereitung kommen die Passung des Bedarfs und der Erwartungshaltung seitens der Person mit Unterstützungsbedarf einerseits und die Angebotsmöglichkeiten des ausgesuchten Dienstes andererseits in den Blick. Diese Feinabstimmung oder das „Matching" finden auch im späteren Verlauf des Hilfeprozesses, im Monitoring, ihre Fortsetzung. Wenn sich bei der Feinabstimmung zeigt, dass Bedarf und Angebote nicht zueinander passen, bleibt die Verantwortung bei der Case Managerin beziehungsweise bei dem Case Manager, eine Anpassung der Ziele oder Maßnahmenbestimmung vorzunehmen oder – sofern das möglich ist – eine Veränderung des Angebotes. Da Case Management greift, wenn es in mehreren Lebensbereichen einen Hilfebedarf gibt und unterschiedliche Dienste tätig sind, müssen nicht selten die beteiligten Dienste von Beginn an aufeinander abgestimmt werden. Ziel ist es, dass die Dienste bedarfsgerecht integriert zueinander arbeiten können. Je klarer das Care Management im Vorhinein fallunabhängig geregelt ist, desto weniger Abstimmung wird im Einzelfall benötigt. Je komplexer die Fallsituation ist, desto größer sind die Anforderungen, die Phase des Linkings beziehungsweise des Kontraktmanagements (ebd.) zu gestalten. Zur Vorbereitung auf das Linking sind Internetauftritte oder Flyer der beteiligten Dienste zu einer Auswahl konkurrierender Dienste hilfreich. Zudem können einfache Formulare im Netzwerk vereinbart werden, um zentrale Daten an die beteiligten Dienste weiterzuleiten. Auf diesen ist die Frage beantwortet, welche Informationen der beteiligte Dienst zur Aufnahme seiner Tätigkeit benötigt. Es kann sich anbieten, dass der Serviceplan als Grundlage der integrierten Zusammenarbeit allen Diensten zur Verfügung gestellt wird.

An dieser Stelle ist der Datenschutz zentral. Es gibt unterschiedliche *Datenschutzverordnungen* auf den Zuständigkeitsebenen des Bundes und der Länder sowie auch – je nach Trägerschaft – der Dienste. Grundsätzlich gelten die Regeln: Es sollen nur so viele Daten ausgetauscht werden, wie unbedingt erforderlich, und die Personen müssen ihr Einverständnis erklärt haben, dass personenbezogene Daten weitergeleitet werden. Datenschutzrechtliche Regelungen und Formulare sollten juristisch vorab abgeklärt und konsequent eingehalten werden. Die datenschutzrechtlichen Details für die Soziale Arbeit können hier nicht weiter erörtert werden. Sie wurden bereits an anderer Stelle umfangreich dargestellt (vgl. Klein; Schermaier-Stöckl 2021).

Sobald die Dienste beteiligt sind, werden die grundsätzliche Zufriedenheit und Einhaltung des Serviceplanes, insbesondere die Zielerreichung, durch die Case Manager:innen beobachtet, und der Prozess wird gesteuert. Diese Phase der zielorientierten Hilfeprozessbeobachtung und Steuerung wird im Case Management in der Regel *Monitoring* genannt. Auch der Begriff des Controllings in fachlicher und wirtschaftlicher Hinsicht wird mitunter verwandt. Die Beobachtungs- und Steuerungsphase meint aber mehr als ein „Draufgucken" oder gar kontrollieren, wie man missverständlich mit Blick auf den Begriff „Controlling" annehmen könnte. Vielmehr bleibt die Fallverantwortung mit Blick auf die Zielerreichung und die Zufriedenheit aller Beteiligten insgesamt beim Case Manager beziehungsweise der Case Managerin. Dazu ist eine nachfragende, begleitende, informierende, verhandelnde, anpassende, zum Teil mediatorische oder moderierende Beratung vonnöten. Im Zentrum stehen die primär unterstützenden Gespräche mit den Ratsuchenden sowie mit den beteiligten Professionen und Diensten, um eine zufriedenstellende Passung zwischen Bedarf sowie Angeboten, Zusammenarbeit und Zielerreichung gewährleisten zu können.

Im Monitoring ist zentral, dass Case Manager:innen ihre Kompetenzen nicht überschreiten: Sie greifen nicht ein in die zum Beispiel medizinische, pflegerische, beratende Fachkompetenz der beteiligten Dienste. Das entspricht nicht ihrer Kompetenz: weder ihren Fähigkeiten noch ihrem zugeschriebenen Aufgabenbereich. Wenn Case Manager:innen derselben Profession angehören wie die fachdienstlich Tätigen, dann sollten sie bei offensichtlichen, fachlichen Fehlern intervenieren, aber den tätigen Professionen steht die Verantwortung zu, fachkompetent zu handeln. Die Wahrnehmung dieser Verantwortung kann anders sein, als die Case Manager:innen diese ausüben würden. Die Handlungsziele und konkreten Maßnahmen bestimmen die Fachdienste.

Die Steuerungsfunktion der Case Manager:innen bezieht sich auf eine bilaterale Absprache mit einzelnen beteiligten Diensten, auf die integrierte Zusammenarbeit der Dienste, also die Absprachen, Datenvermittlung und Zuständigkeiten, sowie gegebenenfalls auf die Durchführung eines erneuten Assessments oder Serviceplanes, sofern die Ausgangssituation sich verändert hat und Ziele oder Maßnahmen neu bestimmt werden müssen.

Die folgenden Instrumente kommen zum Einsatz: ein offenes Nachfragen mit Blick auf die Zufriedenheit der Personen mit Unterstützungsbedarf und der Professionen, Checklisten über das Erreichen der Ziele anhand definierter

Indikatoren und eines Zeitplans der Überprüfung sowie Festlegung der Verantwortung im Sinne des Subsidiaritätsprinzips. Diese Checkliste kann ergänzend mit dem Serviceplan erstellt werden. In ihr werden Antworten auf die Fragen gegeben: Wer überprüft wann und wie anhand welcher Indikatoren die Zielerreichung? Fallbezogene Besprechungen können im Sinne regelhafter oder gesondert vereinbarter Gremienbesprechungen stattfinden.

Ein Monitoring beinhaltet zwar evaluative, bewertende Elemente mit Blick auf den fortlaufenden Hilfeprozess, es ist aber zu trennen von der Phase der Evaluation.

Evaluation im Case Management, die fünfte Hauptphase, beginnt, sobald im Monitoring deutlich wird, dass die im Serviceplan benannten Ziele, das Wirkungs- und die Bereichsziele, erreicht sind. Die Phase der Evaluation beinhaltet eine Bewertung des gesamten Hilfeprozesses in einer Nachbetrachtung. Die Bewertung bezieht sich auf alle drei Ebenen: Auf der Einzelfallebene erfragen Case Manager:innen zumindest im Rahmen der Evaluation im Sinne eines Feedbacks die Zufriedenheit mit der Beratungsleistung bei den Personen mit Unterstützungsbedarf. Dies erfolgt meistens mündlich, manchmal aber auch schriftlich (anonym). Diese Rückmeldungen dienen letztlich der Sicherheit, d. h. einer klareren Selbsteinschätzung der Stärken und Schwächen der Beratenden. Aus ihnen können sich wertvolle Hinweise für Verbesserungen der Beratung und des gesamten Prozesses ergeben. In einem Forschungsprojekt des Instituts Gebit haben sich die folgenden Einschätzungsaussagen als zentral herausgestellt. Die Aussagen werden auf einer 5er-Skala von „stimmt voll und ganz“ bis „stimmt gar nicht“ beantwortet:

- Die Beraterin beziehungsweise der Berater hat mich ernst genommen.
- Die Beratung hat mir geholfen.
- Meine Vorstellungen konnte ich in die Beratung zufriedenstellend einbringen.
- Ich kann die Entscheidungen und vereinbarten Maßnahmen verstehen.

Diese Aussagen können durch Hinweise in einem Freitextfeld oder im Rahmen einer offenen Besprechung konkretisiert werden.

Zur Bewertung des Erfolgs des gesamten Hilfeprozesses kann das Assessmentin-strument eingesetzt werden, um die Veränderungen zur Ausgangssituation sichtbar zu machen.

Neben einer niedrigschwelligen Erhebung der Bewertung durch die/den Case Manager:in selber können auch externe Institute beauftragt werden. Die

Ergebnisdaten verbleiben bei den Case Manager:innen. Die aggregierte und damit nicht mehr zurückverfolgbare Verwendung der Daten ist im Vorhinein in der Organisation festzulegen und verbindlich zu kommunizieren.

Entweder anlass- beziehungsweise fallbezogen oder nach definierten Zeiträumen werden über die Einzelfallebene hinaus sowohl die Organisationsebene als auch die Zusammenarbeit auf der Netzwerkebene evaluiert. Auch diese Evaluationen können in Eigenverantwortung oder von Fremdinstituten durchgeführt werden. Es können offene Gespräche in Gremien, Interviewleitfäden oder schriftliche Befragungsinstrumente zum Einsatz kommen. Im Kern werden die Strukturen, Aufgaben- und Ressourcenverteilungen, die Instrumente sowie die Abläufe und die Zufriedenheit der Zusammenarbeit befragt. Die genauen Bewertungsitems werden in der Organisation beziehungsweise im Netzwerk erarbeitet und festgelegt. Sofern in einer Organisation mehrere Case Manager:innen arbeiten, ist es hilfreich, ein Evaluationsinstrument zum Umgang mit den entwickelten Dokumentationsinstrumenten anzuwenden, um die Qualität der fachlichen Arbeit gezielt weiterentwickeln zu können. Vor allem mit Blick auf Fremdevaluationen bieten sich auch Längsschnittbefragungen von Personen mit Unterstützungsbedarf an, um die Einzelfallberatung, das System der Organisation und die Zusammenarbeit im Netzwerk aus der Perspektive eines Einzelfalles bewerten zu können. Organisationen oder Netzwerke können auch ehemalige Personen mit Unterstützungsbedarf als Impulsgeber:innen und Berater:innen einladen zu kollegialen Besprechungen und Weiterbildungen. Die Empfänger der Daten und die Interpretationskriterien sind wie auch auf der Einzelfallebene stets im Vorhinein zu benennen. Gerade im Netzwerk finden sich die Träger selbstbestimmt und häufig freiwillig zusammen. Da ist ein vertrauensvoller und transparenter Umgang mit Evaluationsdaten unumgänglich.

Je nach Handlungsfeld kann eine *„nachgehende Kontrolle“* in Form eines *Präventionsgespräches* sinnvoll sein. In Handlungsfeldern, in denen zu erwarten ist, dass sich die Ausgangslage der Personen schnell ändern kann oder in denen Hilfeprozesse sich nur schwer stabilisieren lassen, macht es Sinn, zum Beispiel nach vier oder sechs Wochen die Personen noch einmal anzurufen und zu fragen, ob alles nach wie vor in Ordnung ist. Nicht selten können so präventiv kleine Veränderungen besprochen und Fragen beantwortet werden. Es bietet sich eine niedrigschwellige Form der Kontaktaufnahme an. Der Zeitpunkt sollte zuvor grob vereinbart und im Kalender der Case Managerin beziehungsweise des Case Managers hinterlegt werden. Im Rahmen der Falldokumentation reicht es aus, wenn die „nachgehende Kontrolle“ als vereinbart und später auch als durchgeführt gekennzeichnet werden kann. Zudem bietet sich an, gegebenenfalls einen Vermerk über die Gesprächsinhalte vornehmen zu können. Vergleichbare Präventionsgespräche können je nach Handlungsfeld auch häufiger vereinbart und durchgeführt werden. Es ist auch für eine klare Verantwortungsübernahme durch die Personen mit Unterstützungsbedarf ratsam, die Zeit einer beratenden Verantwortungs- und Rollenübernahme transparent zu kommunizieren und Hilfeprozesse bewusst abzuschließen. Eine Gefahr kann sein, dass Case Manager:innen zu lange rollenunklar in Prozessen bleiben und irgendwie beobachten und steuern, ohne begründet klar und konsequent vorzugehen.

Case Management ist auf der Einzelfallebene eine Form von Beratung, die alle notwendigen Beratungskompetenzen bei Case Manger:innen voraussetzt. Im Zentrum des Case Managements stehen dann eine mehrperspektivische, ressourcenorientierte und lebensbereichsbezogene sowie Komplexität in der Bewertung reduzierende Bedarfsfeststellung sowie eine Ziele- und Maßnahmenvereinbarung. Der Serviceplan ist die Grundlage des Hilfeprozesses, an dem im Case Management mehrere Professionen und Dienste beteiligt sind und koordiniert werden. Case Management ist eine aufwendige partizipative Bedarfserhebungs- und Steuerungsleistung im Einzelfall. Sie greift in komplexen Hilfesituationen mit hoher Akteursdichte nachrangig zu Regelpfaden.

Case Management-Instrumente entwickeln

Wir haben bereits herausgearbeitet, dass das partizipativ geführte, fachliche Beratungsgespräch im Zentrum steht. Die fachliche Autonomie, die Auswahl der Inhalte und Formen in der konkreten Beratungssituation kann und soll nicht vorweggenommen werden durch standardisierte Dokumentationsinstrumente sowie weitere Tests und Verfahren, die angewandt werden.

Der entscheidende Inhalt der Implementierung ist die Besprechung und Konsentierung einer beratenden Grundhaltung, die an der Andersheit der zu Beratenden ausgerichtet ist. Häufig geht es um eine paradigmatische Haltungsänderung, obwohl alle Beratenden für sich stets in Anspruch nehmen, am Bedarf der Ratsuchenden ausgerichtet zu sein. So müssen bei einer Implementierung von Case Management zunächst Formen gefunden werden, um die fachliche Grundhaltung gegebenenfalls in Rollenspielen sichtbar und besprechbar werden zu lassen. Ein konsentiertes Beratungskonzept beinhaltet neben der Grundhaltung auch die Benennung von konzeptuellen und technischen Mindeststandards. Viele Case Management-Konzepte, die sich primär an der Einzelfallebene orientieren, stellen Case Management in Kombination mit unterschiedlichen Theorie- und Technikschwerpunkten dar.

Bei der Steuerung der komplexen Hilfesituation setzt Case Management vor allem auf den beschriebenen standardisierten Phasenverlauf sowie auf standardisierte Dokumentationsinstrumente. Anhand des Phasenverlaufs konzentrieren wir uns im Folgenden auf die Instrumente, die in einer Organisation mit Blick auf die Gruppe der Personen mit Unterstützungsbedarf von den Case Manager:innen entwickelt werden. Die Instrumente unterschiedlicher Organisationen in einem Handlungsfeld sind zwar vergleichbar, aber auch hier gibt es Unterschiede mit Blick auf Vorlieben der Beratenden und Spezifika der Organisationen. Zudem gibt es ein pädagogisches Argument, die Beratenden ihre Instrumente selber entwickeln zu lassen und diese nicht vorzugeben: Die Identifikation mit dem Instrument und die Bereitschaft der Anwendung sind höher, wenn die Interessen, Ideen und Kreativität sowie auch die eigenen Mühen in die Entwicklung der Instrumente eingeflossen sind. Dann ist das Instrument das eigene, selbst entwickelte: Die Beratenden wissen dann, warum bestimmte Inhalte und Formen auftauchen und andere nicht, denn sie haben es gemeinsam selber so entschieden. Vorgefertigte Instrumente werden schneller abgelehnt, weil sie den Routinen der Beratenden und den Qualitätsvorgaben der Organisation nicht gerecht werden. Und zugleich werden über eine Standardisierung der Dokumentation, die sich häufig in Softwareprogrammen niederschlägt, Alltagsabläufe entscheidend beeinflusst und geprägt.

Im Folgenden werden wir für alle relevanten Case Management-Instrumente Entwicklungsfragen und Aufgaben formulieren, die wir bereits mehrfach in Inhouse-Schulungen verwandt haben. Diese können im Rahmen eines Organisationsentwicklungsprozesses auch ohne externe Hilfe erarbeitet werden. Sie sollten jedoch von Case Management-Ausbildenden angeleitet und im Ergebnis auch zusammengeführt werden.

Zunächst muss ein Case Management-Fall erkannt werden (Case Finding). Dazu bietet sich die Entwicklung eines einfachen Filterinstrumentes an („Screening-Instrument“). Dieses kann von der oder dem Case Manager:in im Rahmen der Erstberatung angewandt werden. Das macht vor allem bei dem Modell eines fachdienstbegleitenden Case Managements Sinn, wie es häufig in der Betrieblichen Sozialen Arbeit zur Anwendung kommt. Dieses Instrument kann auch von anderen Mitarbeitenden innerhalb oder auch außerhalb der eigenen Organisation angewandt werden. Es setzt keine beratenden Fachkompetenzen voraus. Vielmehr folgt die Aufnahme der Inhalte der Schilderung der Ratsuchenden.

Die Aussagen können durch zurückhaltende Präzisierungsfragen konkretisiert werden, um sie zu verstehen. Das Instrument entspricht keiner evidenten Skala, vielmehr geht es in einem ersten Entscheidungsprozess darum, mit einer möglichst hohen Trefferquote Case Management-Fälle ausfindig zu machen. Da es keine hundertprozentige Trefferquote gibt, ist es wichtig, dass Fälle auch in weiteren Beratungsprozessen noch erkannt werden können, beziehungsweise dass sich im Laufe eines begonnenen Case Management-Prozesses herausstellen kann, dass es sich gar nicht um einen Fall handelt, bei dem mehrere Dienste koordiniert werden müssen.

Wir haben bereits im Kapitel Case Management Grundlagen Indikatoren beziehungsweise Anzeiger für Case Management-Fälle benannt. Nur werden Ratsuchende von sich aus nicht Bezug nehmen auf die Indikatoren, und sie können auch nicht direkt nach den Indikatoren befragt werden. Zum Beispiel macht es wenig Sinn, Ratsuchende zu fragen, ob eine hohe Akteursdichte vorliegt oder ob es sich um eine komplexe Hilfesituation handelt. Zudem können sie in den Prozess erst freiwillig einwilligen, wenn sie wissen, worauf sie sich einlassen. Allerdings kennen Beratende aus ihrer Erfahrung in ihrem Handlungsfeld Fallsituationen, in denen mit hoher Wahrscheinlichkeit eine komplexe Hilfesituation und eine hohe Akteursdichte vorliegen werden. Diese Kriterien wenden Beratende häufig intuitiv an, sie reagieren auf Signalworte oder Inhalte der Ratsuchenden und ordnen diese unmittelbar ein.

Wenn Pflegeberater:innen beispielsweise hören, dass eine Erkrankungsart wie Schlaganfall vorliegt und ein stützendes soziales Umfeld nicht oder nur eingeschränkt vorhanden ist, dann wissen sie, dass die Kriterien für eine Case Management-Situation erfüllt sind. Wenn auf einem landwirtschaftlichen Betrieb der bewirtschaftende Bauer einen schweren Unfall hatte, ist unmittelbar klar, dass eine komplexe Hilfesituation vorliegt. Beratende sind aus ihrer Erfahrung heraus in ihrem Handlungsfeld in der Lage, alleinige Kriterien (Unfall des Bauers) oder Kombinationskriterien (Erkrankungsart und soziales Umfeld) zu benennen, um sagen zu können, dass mit hoher Wahrscheinlich die Indikationskriterien für Case Management erfüllt sind. Diese Erfahrungswerte werden zur Entwicklung eines Screening-Instrumentes nutzbar gemacht. Das Instrument wird von den Case Manager:innen für sich selber oder für andere entwickelt. Die Inhalte beziehen sich auf unmittelbar wahrnehmbare Schilderungen Ratsuchender. Ein Screening-Instrument umfasst in der Regel nicht mehr als zehn Kriterien. Ausdifferenzierte Screening-Instrumente dienen darüber hinaus einer ersten zeitlichen Prognose für den Umfang der anstehenden Case Management-Beratung, damit Kostenträger einen bestimmten Beratungsumfang genehmigen und die Bezahlung zusichern können. Diese Instrumente werden von den Case Manager:innen ausgefüllt. Das Instrument soll schnell und einfach anwendbar sein. Auch dieses Instrument versteht sich nicht als Checkliste, sondern als Dokumentations- und Entscheidungsinstrument.

Arbeitsaufträge zur Entwicklung eines Screening-Instrumentes können beispielsweise lauten:

> Benennen Sie alle Merkmale einer Hilfesituation, die für einen Case Management-Fall sprechen, in Anlehnung an
>
> - Ihre Beratungserfahrungen („Signalthemen") und
> - mit Blick auf die Indikationskriterien des Case Managements.
>
> Legen Sie fest, welche Kriterien alleine und welche in Kombination Hinweise für einen Case Management-Fall geben.
>
> Gehen Sie Fallbeispiele zur Überprüfung durch.

Bei Organisationen, die im sozialen und gesundheitlichen Bereich handlungsfeldübergreifend tätig sind, kann es Sinn machen, handlungsfeldbezogene und auch handlungsfeldübergreifende Screening-Instrumente zu entwickeln. Zusatzfragen können dann wie folgt lauten:

> Bestimmen Sie die Orte/Funktionsbereiche, in denen ein Screening durchgeführt werden soll.
>
> Überlegen Sie, ob ein Screening-Instrument überall verwandt werden kann oder ob mehrere Screening-Instrumente benötigt werden.
>
> Wenn Sie mehrere Screening-Instrumente benötigen, bestimmen Sie zunächst den spezifischen Inhalt.
>
> Überprüfen Sie Ihre Instrumente an Fallbeispielen.

Die Kriterien für ein Screening-Instrument werden von den Leitungskräften noch einmal diskutiert. Sie lassen sich nicht kausal bestimmen, allerdings bilden sich in ihnen in der Regel die unterschiedlichen Lebensbereiche ab, wie zum Beispiel Gesundheit, soziale Situation, berufliche Tätigkeit usw. Die Entwicklung eines Screening-Instrumentes macht einen „qualitativen Sprung" notwendig, um mit Blick auf (intuitive) Praxiserfahrungen eine Form von Systematik zu finden.

Nachdem ein Case Management-Fall ausfindig gemacht werden konnte, ist es zentral den Zugang zum Case Management und zur/m Case Manager:in sicherzustellen (Access), den Ratsuchenden alle notwendigen Informationen zu geben, so dass eine Auftragsklärung erfolgen kann (Intake). Hierzu können die folgenden Aufträge formuliert werden:

> *Access:* Benennen Sie die Informationen, die die Case Management ausübende Person/Stelle benötigt, um den „Fall" gezielt übernehmen zu können, denn diese Infos muss der/die Helfende im Access aufnehmen; entwickeln Sie gegebenenfalls ein entsprechendes Formblatt, das vom Ratsuchenden unterschrieben und der/m CM übermittelt werden kann.
>
> *Access:* Entwickeln Sie einen Informationszettel für die Person mit Unterstützungsbedarf, damit diese selber zur/m Case Manager:in den Kontakt aufnehmen kann.
>
> *Intake:* Benennen Sie die Informationen, die Personen mit Unterstützungsbedarf benötigen, um sich für einen Case Management-Prozess entscheiden zu können; entwickeln Sie ein entsprechendes Merkblatt.

Im Rahmen des Outreaches können zur fachlichen Information relevanter Kolleg:innen, die ein Screening durchführen oder die grundsätzlich von der Case Management-Stelle wissen sollten, die folgenden Aufgaben an die Case Manager:innen gestellt werden:

> Bestimmen Sie die Informationen, die Helfende benötigen, um über Case Management informiert zu sein.
>
> Entwickeln Sie ein entsprechendes Informationsblatt für Ihre Kolleg:innen in Ihrer Organisation und eines für externe Dienste.

In der Falleingangsphase können Fallsituationen aufgrund ihrer Merkmale (Screening) auch einer Personengruppe zugeordnet werden, die einen Regelpfad durchläuft. Dann sind Dienste hintereinandergeschaltet ohne eigene weitere Filterfunktion über alternative Hilfewege. Die Bestimmung der Regelpfade geht der Fallkoordination voraus, weil dann aufwendige individuelle Versorgungsformen vermieden werden können. Die Erarbeitung von Regelpfaden geschieht in Anlehnung an die Erfahrung der Beratenden auf Leitungsebene der Organisationen. Die Arbeitsaufträge dazu können wie folgt formuliert werden:

> Erarbeiten Sie (mit Blick auf Ihre Praxiserfahrungen) eine Auflistung aller Personengruppen, für die sich eine Erarbeitung eines Regelpfades anbietet.

> *Kriterien:* Es liegt eine komplexe Hilfesituation vor, an der mehrere Dienste beteiligt sind, die zeitlich hintereinander tätig sind und die nicht koordiniert werden müssen. Sie leiten die Fallsituation immer an einen einzigen konkreten Dienst weiter und nehmen an, dass dieser Dienst die Fallsituation regelhaft an einen anderen Dienst weiterleitet.
>
> Erarbeiten Sie beispielhaft einen Regelpfad mit Blick auf eine Personengruppe, die Sie aus Ihrer Liste auswählen, und diskutieren Sie das Fallbeispiel vor allem mit Blick auf die Frage, ob der Regelpfad zur Bedarfsdeckung ausreichend ist.

Mit Beginn der Hauptphasen des Case Management-Prozesses wird die Fallsituation sowohl phänomennah aus Sicht der Personen mit Unterstützungsbedarf als auch systematisch aufgenommen (Assessment). Innerhalb großer Organisationen kann es Sinn machen, handlungsfeldbezogene Assessments zum Beispiel nur im Pflege- oder im Unfallbereich oder auch handlungsfeldübergreifend zu formulieren. Entsprechende Aufgaben können wie folgt lauten:

Zur phänomennahen Situationsaufnahme:

> Formulieren Sie Beispielfragen für eine phänomennahe Situationsaufnahme.
>
> Überlegen Sie sich, auf welche Art und Weise die Aussagen der Ratsuchenden dokumentiert werden können.

Sofern unterschiedliche Assessment-Instrumente entwickelt werden müssen:

> Bestimmen Sie die Orte / Funktions- beziehungsweise Handlungsbereiche, in denen ein Assessment durchgeführt werden soll.
>
> Bestimmen Sie den jeweiligen Zweck des Assessments.

Zur systematischen Situationsaufnahme:

> Entwickeln Sie ein Assessmentinstrument zur systematischen Dokumentation:
>
> - Bestimmen Sie alle relevanten Lebensbereiche.
> - Differenzieren Sie diese auf maximal drei Ebenen aus, um Ihrem Auftrag, auf „mittlerer Flughöhe" die Fallsituation so detailliert erkennen zu können,

> dass es Ihnen möglich ist, zu beteiligende Dienste zu bestimmen (vertikale Ebene des Dokumentationsinstrumentes).
> - Bestimmen Sie die formale Struktur der mehrperspektivischen Ressourcenaufnahme und Beschreibung der Herausforderungen sowie der priorisierten Bedarfsfeststellung (horizontale Ebene).
> - Legen Sie standardisierte Ausfüllmöglichkeiten der Ressourcen, der Herausforderungen, der Art des Bedarfs und der Prioritäten mit Blick auf einzelne Lebensbereiche fest. Überlegen Sie sich, ob Sie zudem freie Textfelder benötigen.
>
> Bestimmen Sie notwendige Ergänzungsinstrumente wie zum Beispiel Tests, bildliche Darstellungen.
>
> Gehen Sie Fallbeispiele zur Überprüfung durch.
>
> Definieren Sie die verwandten Fachbegriffe (Glossar) und formulieren Sie Beispiele für unterschiedliche Bewertungskriterien, die standardisiert vorgegeben sind.

Mit Hilfe der Ergebnisse zu diesen Aufgaben sollte die Assessmentphase bzgl. phänomennaher und systematischer Situationsaufnahme sowie Ergebnisassessment fachlich differenziert dokumentiert werden können. Der erste Effekt ist in der Regel eine Stärkung der Beratenden, weil sie miteinander den Mindeststandard relevanter Inhalte sowie Bewertungsmöglichkeiten festgelegt haben. Für das Ergebnisassessment kann bei Softwarelösungen zudem überlegt werden, wie diese abgebildet werden sollen.

Im Rahmen des Serviceplans werden zunächst Ziele formuliert. Die Entwicklung und Unterscheidung der unterschiedlichen Zielebenen und die genaue Formulierung von Zielen nach zuvor definierten Kriterien ist in der Praxis nicht leicht und häufig auch gar nicht eindeutig. Hierfür gibt es jedoch kein eigenes Dokumentationsinstrument. Vielmehr gibt es allgemeine, fachliche Beratungskriterien, die bei der Formulierung einzuhalten sind. Wenn es Ratsuchenden schwerfällt, ein Wirkungsziel zu formulieren, können auch Vorlieben, Charaktermerkmale, Beobachtungen über Verhaltungsweise und Bewegungsrichtungen aufgenommen werden. Die Bereichsziele werden dem Ergebnisassessment entnommen und entweder als Bereichsziele oder Bereichsinhalte benannt. Die Erfahrung zeigt, dass es sich lohnt, die Zusammenführung von Wünschen und Bedürfnissen sowie der fachlichen Einschätzung im Rahmen einer Zielpyramide anhand von Fallbeispielen in Rollenspielen sowie Gruppen- und Plenumsdiskussionen konkret einzuüben.

Ein Serviceplan-Dokumentationsinstrument ist demgegenüber nicht sehr aufwendig und in der Regel schnell erstellt. Es bietet sich an, das Serviceplan-Dokumentationsinstrument zu trennen von einem To-do-Plan für die konkreten Aufgaben der Person mit Unterstützungsbedarf, der Angehörigen und der:s Case Managerin:s. Aufwendiger wird ein Instrument, wenn es im Rahmen der fachdienstlichen Tätigkeit der Case Manager:innen zusätzlich die Handlungsziele und Maßnahmen der fachdienstlichen Beratung aufnehmen soll. Auch hier bietet sich an, diese Tätigkeit von dem Serviceplaninstrument zu trennen. Aber das kann unterschiedlich entschieden werden. Arbeitsaufträge zur Entwicklung eines Serviceplaninstrumentes können wie folgt lauten:

Entwickeln Sie ein Dokumentationsinstrument für den Serviceplan:

- Welchen grundlegenden Kopfdaten (z.B.: Datum, Name, Kennzeichen/ Verwaltungsnummer sofern notwendig, Wirkungsziel) sollen aufgenommen werden?
- Welche Inhalte sollen regelhaft dokumentiert werden können mit Blick auf die unterschiedlichen Bereichsziele (z.B. Maßnahme, Träger, Zeitplan, Kosten und Kostenträger)?
- Legen Sie den formalen Rahmen dieses Instrumentes fest. Soll es beispielsweise regelhaft unterschrieben werden können? Soll es per Datum fortschreibbar sein?

Überprüfen Sie dieses Instrument, indem Sie für ein von Ihnen gewähltes Fallbeispiel ein Assessment durchführen sowie einen Serviceplan ausfüllen.

Entwickeln Sie ein einfaches Dokumentationsinstrument im Sinne einer To-do-Liste für die Aufgaben, die die Personen mit Unterstützungsbedarf, ihre An- und Zugehörigen und Sie in der Rolle als Case Manager:in übernehmen.

Legen Sie Inhalte für fachdienstliche Dokumentationsinstrumente fest, sofern dies noch nicht geschehen, aber hilfreich in Ergänzung zur Case Management-Prozessdokumentation ist.

Assessment und Serviceplan sind Voraussetzungen, um Case Management anfänglich in die Praxis zu implementieren. Der Einsatz eines Screening-Instrumentes regelt den Zugang zum Case Management. Das Instrument sollte erst dann vollumfänglich eingesetzt werden, wenn Case Management sicher umgesetzt werden kann. Die folgenden Instrumente sind zwar für den Case Management-Prozess wichtig, aber sie können gegebenenfalls auch mit der einsetzenden Vernetzungsarbeit in einem zweiten Schritt entwickelt werden.

Im Rahmen des Linkings werden Erwartungshaltungen und Angebote miteinander abgeglichen, um Personen mit Unterstützungsbedarf und Dienste optimal vorzubereiten, anzupassen und zu koordinieren. Aufgabenstellungen hierzu können sein:

> Überlegen Sie sich, welche Informationen Sie von anderen Diensten benötigen, um Ratsuchende informieren und vorbereiten zu können. Welche liegen Ihnen bereits vor – denken Sie zum Beispiel an Internetseiten und Flyer – und welche benötigen Sie noch?
>
> Benennen Sie Kriterien für Ratsuchende, damit diese aus konkurrierenden Diensten auswählen können. Entwickeln Sie gegebenenfalls entsprechende Informationszettel.
>
> Überlegen Sie sich, welche Fall-Informationen die zu beteiligenden Dienste regelhaft benötigen. Bedenken Sie gegebenenfalls datenschutzrechtliche Vorgaben.

Im Rahmen der Fallbeobachtung und -steuerung (Monitoring) benötigen Sie Dokumentationsinstrumente, die es Ihnen ermöglichen, die Einzelarbeit der beteiligten Fachdienste bzgl. der Zufriedenheit und Zielerreichung sowie die Zusammenarbeit der Dienste miteinander abzubilden.

> Entwickeln Sie ein Dokumentationsinstrument, das es Ihnen erlaubt, die Fallsituation zu beobachten und zu steuern.
>
> - Kriterien sind die Zufriedenheit aller Beteiligten und die Zielerreichung. Die Inhalte des Serviceplans sind Grundlage der Beobachtung des gesamten Hilfeprozesses. Überlegen Sie sich, welche Beobachtungs- und Bewertungskriterien auf welche Art und Weise abgebildet werden sollen.
> - Überlegen Sie sich, ob Sie ein eigenes Dokumentenverwaltungssystem für schriftliche Rückmeldungen oder Gutachten, die Ihnen zugesandt werden, benötigen.
> - Bedenken Sie, dass die Perspektive der Personen mit Unterstützungsbedarf und die der beteiligten Dienste mit Blick auf die Arbeit mit der Person und die Zusammenarbeit mit anderen Diensten abgebildet werden sollen.
> - Idealerweise erlaubt das Instrument, dass Sie Fristen zum Beispiel für Rückmeldungen dokumentieren und mit Ihrem Kalender verbinden.

- Überlegen Sie sich standardisierbare Indikationskriterien für Zielerreichungen und für die Zufriedenheit der Adressat:innen. Diese sollten ebenfalls standardisiert oder für jeden Einzelfall neu dokumentiert werden können.
- Dieses Instrument soll zudem steuerungsrelevante Konsequenzen (notwendige Absprachen mit einzelnen Diensten oder im Netzwerk sowie die Durchführung eines Re-Assessments oder Serviceplanes) und Ergebnisse abbilden können.

Bedenken Sie, dass es gegebenenfalls Sinn macht, mehrere Instrumente zu entwickeln.

Überprüfen Sie diese/s Dokument/e anhand von Fallbeispielen aus Ihrer Praxis.

Evaluationen auf den Ebenen Einzelfall, Organisation und Netzwerk sind unterschiedlich bzgl. ihrer Instrumente und der Frequenz. Wenn Externe beauftragt werden, eine Evaluation durchzuführen, sind sie auch für die Instrumentenentwicklung und die Auswertung verantwortlich. Empirische Grundlagen liegen den Evaluationsinstrumenten zugrunde. Grundsätzlich können alle empirischen Erhebungsverfahren zum Einsatz kommen. Vorab ist für alle Evaluationen zu klären, wer welche Daten auf welche Art und Weise zur Auswertung erhält und wo sie besprochen werden sowie zu welchem Zweck welche Daten erhoben und ausgewertet werden. Zielperspektiven der Evaluation richten sich auf den Auftrag der Organisation, und sie basieren auf den ethischen Grundlagen beziehungsweise dem Leitbild sowie den Qualitätsfestlegungen.

Der Case Management-Prozess sieht auf der Einzelfallebene regelhaft vor, dass Beratende jeder Person mit Unterstützungsbedarf die Bewertung des Beratungsprozesses ermöglichen. Diese Bewertungen können mündlich im Gespräch erfolgen oder auch schriftlich mit vorformulierten Fragen, standardisierten Antwortmöglichkeiten und/oder Freitextmöglichkeiten.

Im Folgenden gehen wir davon aus, dass von Case Manager:innen für die Einzelfallebene zunächst ein einfaches Instrument erarbeitet wird. Ein Beispiel für eine fallbezogene Evaluation mit nur vier Grundfragen wurde bereits oben vorgestellt. Der Arbeitsauftrag zur Entwicklung eines Evaluationsinstrumentes auf der Einzelfallebene kann lauten:

Entwickeln Sie ein Evaluationsinstrument für die fallbezogene Arbeit zwischen Case Manager:in und Person mit Unterstützungsbedarf.

- Überlegen Sie sich, welche Informationen seitens der Person mit Unterstützungsbedarf für Sie hilfreich sind, um ihre Arbeit weiterentwickeln zu können. Legen Sie die Inhalte der Evaluation fest.
- Überlegen Sie sich, ob die Antworten vorgegeben skaliert oder/und in einem Freitext angegeben werden sollen. Alternativ kann auch entschieden werden, dass die Rückmeldungen ausschließlich mündlich eingeholt werden.

Überlegen Sie sich zu ihrer Koordination der Dienste Fragen an die Personen mit Unterstützungsbedarf.

Diskutieren Sie, wer diese Daten in welcher Form zur Auswertung erhalten soll.

Bei allen Evaluationsfragen ist zu beachten, dass nur Fragen gestellt werden, die in der Handlungskompetenz der Fragenden stehen, um nicht Personen mit Unterstützungsbedarf für eigene Belange zu funktionalisieren. Neben dem Evaluationsinstrument ist gegebenenfalls zu überlegen, wie die Evaluationsergebnisse und deren Verfolgung festgehalten werden. Dies legen auf den unterschiedlichen Ebenen die jeweils Zuständigen fest (die Case Manager:innen und/oder die Vorgesetzten für die Einzelfallebene, die Organisationsleitungen und Qualitätsverantwortlichen für die Organisationsebene und die Netzwerkverantwortlichen für die Netzwerkebene). Diese Festlegungen sind Teil des jeweiligen Qualitätsmanagements.

Die Evaluation von Case Management auf der Organisationsebene steht in der Verantwortung der Organisationsleitung. Sie wird in der Regel durchgeführt von den Verantwortlichen für das Qualitätsmanagement. Hier stellen sich Fragen nach den Strukturen und Abläufen des Case Managements innerhalb der Organisation mit Blick auf die im Qualitätsmanagement festgelegten und beschriebenen Inhalte. Befragt werden vor allem die Case Manager:innen und zudem die am Case Management-Prozess Beteiligten. Die Evaluationen finden regelhaft im Rahmen von Organisationsentwicklungsprozessen statt und werden dokumentiert (hierzu werden im folgenden Kapitel differenzierte Hinweise geben). Sie werden in der Regel nicht fallbezogen durchgeführt.

Für die Evaluation auf der Netzwerkebene ist die Steuerungsgruppe des Netzwerkes zuständig. Hier ist wichtig, dass Fachdienstevaluationen in der Kompetenz der Fachdienste bleiben. Sollte es Beschwerdehinweise an Case Manager:innen über Mitarbeitende anderer Dienste geben, so ist der Umgang mit diesen zuvor in einem Netzwerkbeschwerdemanagementverfahren festzulegen, an das sich die Case Manager:innen auch den Personen mit Unterstützungsbedarf gegenüber zu halten haben. So kann sowohl die Souveränität der einzelnen Dienste und Organisationen im Netzwerk gewahrt bleiben als auch der Weiterentwicklungsbedarf des Netzwerkes durch gezielte Evaluationen gesichert werden. Netzwerkevaluationen können auf unterschiedlichem Wege erfolgen. Es können Fallprozesse mit Hilfe von Befragungen und Interviews im Längsschnitt erhoben werden, um die Arbeit der Netzwerke aus der Perspektive der Ratsuchenden bewertend in den Blick zu bekommen. Darüber hinaus können die Case Manager:innen, weitere am Case Management-Prozess beteiligte Mitarbeitende, die Organisationsleitungen sowie – sofern vorhanden – die Netzwerkleitungen standardisiert befragt oder regelhaft im Rahmen eines Evaluations- und Change Management-Prozesses beteiligt werden. Zum Einsatz kommen hier empirische Verfahren und Entwicklungsverfahren, die auch für Organisationen angewandt werden. Hierzu gibt es umfangreiche Literatur. Auf der Organisations- und der Netzwerkebene werden häufig externe Dienstleister hinzugezogen, weil die Verfahren umfangreich sind und neutrale Stellen die Bewertung durchführen können, ohne in einer Doppelrolle gefangen zu sein.

Sofern eine „nachgehende Kontrolle“ in Ihrem Handlungsfeld relevant ist, reicht eine Wiedervorlagemöglichkeit mit Kontaktdaten und der Möglichkeit aus, Ergebnisse des Gespräches unstandardisiert festhalten zu können. Dieses Instrument kann bei Bedarf der gesamten Falldokumentation als eigenes Instrument der Monitoring- oder Evaluationsdokumentation hinzugefügt werden.

Zentral für die Implementierung auf der Einzelfallebene sind die Entwicklung eines Assessments- und Serviceplaninstrumentes. Aus der Erfahrung heraus lassen sich die Instrumente für die anderen Hauptphasen in einem späteren zweiten Schritt festlegen. Die Falleingangsphase mit dem Screening-Instrument sollte von anderen Mitarbeitenden auch anderer Organisationen erst dann eingesetzt werden, wenn die Case Management-Stelle die zugewiesenen Fälle auch tatsächlich im Sinne des Case Managements bearbeiten kann. Auch hier gilt die Regel „von innen nach außen“: Erst sollte sich die Case Management-Stelle selber bzgl. ihres Qualitätsmanagements „aufstellen“ und erst danach werden andere beteiligt. In der Regel werden die Instrumente erst in Pilotphasen erprobt, um sie dann im Regelbetrieb anzuwenden. Die zu Beginn formulierten Instrumente werden häufig zwei- bis dreimal von den Case Manager:innen überarbeitet, bis sie zufriedenstellend bezüglich der Präzision und des Umfangs der Inhalte sowie der Praktikabilität eingesetzt werden können.

Mit der Erarbeitung eines ersten Entwurfes sollte nicht das Endergebnis erwartet werden. Die endgültigen Instrumente werden Bestandteil des Qualitätsmanagements.

4 Netzwerkebene

Care Management, fallunabhängige Regelungen der Zusammenarbeit, sind eine Voraussetzung, im Rahmen von Case Management bedarfsorientiert steuern zu können. Der Netzwerkaufbau ist nur dann Aufgabe der Betrieblichen Sozialen Arbeit, wenn Sie selber Case Management durchführt. Für die Implementierung eines umfangreichen internen und externen Netzwerkes macht es Sinn, sich zunächst grundlegend mit dem Netzwerkbegriff zu beschäftigen.

Netzwerke sind sowohl reizvoll, attraktiv und gefragt, weil sie Menschen tragen, aber auch fragil und mitunter „gefangennehmend". Ein Indiz für die Attraktivität kann sein, dass der Netzwerkbegriff in unterschiedlichen Zusammenhängen verwandt wird. Gibt man den Begriff „Netzwerk" in eine Suchmaschine ein, so werden weit über 400 Millionen Suchergebnisse angezeigt. Viele beziehen sich auf den elektronischen Bereich: Das Internet als „World Wide Web" ist eines der bekanntesten Beispiele für die Verwendung des Netzwerkbegriffes. Auch im sozialen Bereich ist der Netzwerkbegriff von Bedeutung. Üblicherweise werden primäre, sekundäre und tertiäre Netzwerke voneinander unterschieden. Primäre Netzwerke umfassen auf der Mikroebene im sozialen Nahbereich die Familie, Freunde und die Nachbarschaft. Die sekundären Netzwerke bestehen aus Selbsthilfeorganisationen, Vereinen und Ähnlichem. Sie weisen einen höheren Organisationsgrad als primäre Netzwerke auf, sind aber insgesamt noch gering organisiert. Tertiäre Netzwerke beziehen sich auf interprofessionelle, interorganisationale und intersektorale Zusammenschlüsse professionell Helfender. Diese Netzwerke werden gezielt aufgebaut. Es handelt sich hierbei nicht um absichtlich kreierte Netzwerke zwischen professionellen Akteuren der Sozialen Dienste (vgl. Bullinger und Nowak 1998, 71 ff.).

Im Case Management sind im Rahmen des Assessments, der Serviceplanung und der späteren gemeinsamen, fallbezogenen Hilfeerbringung sowohl primäre als auch sekundäre Netzwerke relevant („welfare mix"). Sie werden aber nicht eigens gestaltet, sondern wahrgenommen, vermerkt, gegebenenfalls unterstützt und vermittelt. Tertiäre Netzwerke hingegen sollen gezielt aufgebaut werden. Case Manager:innen sind in der Lage, professionelle Netzwerke zu initiieren, zu pflegen und zu evaluieren. Netzwerke sind im Rahmen des Case Managements fallbezogen relevant: Bestehende Hilfen im Netzwerk werden bedarfsorientiert vermittelt und koordiniert. Dazu ist es hilfreich, dass Netzwerke zuvor fallunabhängig aufgebaut werden (Care Management).

Das soziale Phänomen „Netzwerk“ wird auf allen drei Ebenen (Einzelfall, Organisation, regionales Versorgungsgefüge) getrennt voneinander beforscht. Die Forschung beschäftigt sich insbesondere mit Fragen der Beschreibung und Erklärung von Netzwerken sowie mit Einflüssen auf Netzwerke und ihren Veränderungen. Hierzu gibt es umfangreiche Forschungsprojekte und Handbücher.

Zunächst werden wir die geistes- und sozialwissenschaftlichen Hintergründe des Netzwerkbegriffes verdeutlichen und im Anschluss den Netzwerkbegriff als eigenständiges soziales Gebilde mit bestimmten Eigenschaften erläutern, um im Rahmen von Case Management-Prozessen Netzwerke begreifen sowie aufbauen und pflegen zu können. Denn zunächst kann es nicht nur im Rahmen der Betrieblichen Sozialen Arbeit stutzig machen, dass der Netzwerkbegriff in unserer Gesellschaft so wichtig geworden ist. Es liegt die Vermutung nahe, dass die Attraktivität mit gesellschaftlichen Entwicklungen zu tun hat, und der Netzwerkbegriff suggeriert, Lösungen für geschaffene Probleme präsentieren zu können. Aber möglicherweise können die Handlungsformen im Rahmen eines Netzwerkmanagements gar keine Lösungen vorhalten. Vielmehr verweisen sie ausschließlich auf zu beschreitende Wege, um im Prozess gemeinsam Antworten zu finden.

Die primäre Fragerichtung zur Gestaltung dieses Kapitels ist eine pragmatische: Ist das Wissen für Case Manager:innen zum besseren Verstehen, zum Aufbau und zur Pflege sowie zur Vermittlung von Diensten in ein Netzwerk hinein relevant? Insofern orientieren wir uns primär an einer pragmatischen Fragestellung und weniger an wissenschaftlich-systematischen und vollständigen Darstellungen und Erarbeitungen.

Da in der Herausgeberreihe zur Betrieblichen Sozialen Arbeit, zu dem auch dieses Buch gehört, ein eigener Band zum Netzwerkmanagement veröffentlicht wird, können wir im Folgenden auf ausführliche Erläuterungen verzichten und uns stattdessen auf einige zentrale Aspekte konzentrieren, um Case Management auf der Netzwerkebene in seinen Grundbestandteilen erläutern zu können.

4.1 Attraktivität des Netzwerkbegriffes: Grundlagen

Die Neuzeit, so haben wir oben die Attraktivität von Case Management erklärt, hat mit der Aufklärung als geistesgeschichtlichem Hintergrund westliche Gesellschaften einerseits in eine Individualisierung von Rollenvorgaben und in eine Pluralisierung von Haltungen, Perspektiven und Lebensweisen geführt (u.a. Beck 2020). Anderseits hat sie zu einer Ausdifferenzierung von Professionen, Wissenschaften, Kostenträgern und Dienstleistungsanbietern geführt, die sich zu bürokratisch organisierten (Groß-)Verwaltungen entwickelt haben (u.a. Weber 2009). Zudem hat die zunehmende Ökonomisierung vor dem Hintergrund der Idee einer Leistungsgerechtigkeit in einer pluralen, liberalen und demokratischen Gesellschaft zu einer grundlegenden Entscheidungsorientierung beigetragen: Handlungsentscheidend sind weniger ethische und ökologische Grundlagen als vielmehr der erzielbare ökonomische Mehrwert für den Einzelnen.

In der Folge treffen individuelle, komplexe Hilfesituationen zunehmend auf ein ausdifferenziertes und segmentiertes Hilfesystem. Dieses Hilfesystem besteht aus zahlreichen Kostenträgern und Dienstleistungsanbietern, die in Teilen zueinander in Konkurrenz stehen. Es stellen sich daher für die Gesellschaft die folgenden Fragen: Wie lässt sich das ausdifferenzierte Hilfesystem mit Blick auf den Hilfebedarf im Einzelfall zusammenbringen? Wie können große Organisationen wie Sozialversicherungsträger am Unterstützungsbedarf von Versicherten und Ratsuchenden ausgerichtet werden und zudem trägerübergreifend zusammenarbeiten? An dieser Stelle kommt der Netzwerkbegriff gerade recht und erlebt seine Hochphase. Denn dieser suggeriert als bildlicher Begriff, dass Vereinzeltes zusammengeführt und stabil verbunden werden kann, so dass ein tragendes, helfendes Netz entsteht. Ob das angesichts der gesellschaftlich geschaffenen Grundlagen realistisch ist und wenn ja, wie das gelingen kann, muss erörtert werden. Zunächst einmal suggeriert der Begriff „Netzwerk" eine Lösung auf gesellschaftlich entstandene und relevante Herausforderungen. Damit wird an dieser Stelle bereits deutlich, dass der Netzwerkbegriff ein Gegenbegriff zu zentralen gesellschaftlichen Regeln und Anreizsystemen darstellt. Netzwerke werden sowohl gesellschaftlich konterkariert als auch angestrebt: die Leistungsfähigkeit Einzelner, die in Konkurrenz zu anderen gehen, wird gesellschaftlich, gestärkt und zugleich gibt es Anreize, integriert zusammenzuarbeiten. Trotzdem oder vielleicht gerade angesichts der Ambivalenz behält der Netzwerkbegriff seine Wirkmächtigkeit.

Der Philosoph Hans Blumenberg hat in seinen Phänomenologischen Schriften (vgl. Blumenberg 2018) versucht, das Zentrum menschlichen Lebens auszudrücken. Wir erinnern uns: Phänomenolog:innen suchen Ausdrucksmöglichkeiten für das Eigentliche beziehungsweise den Wesenskern, der nicht definiert und „festgehalten" werden kann. Husserl führte den Kunstbegriff der „Lebenswelt" ein. Blumenberg beschreibt menschliches Leben in einem historischen Rückgriff und im Ergebnis in der Systematik mit dem Begriff der „Höhle" und dem Übergangsereignis des Höhlenausgangs: Menschen schaffen sich stets Höhlen des Schutzes und der Vertrautheit, um sich dem „Absolutismus der Wirklichkeit“ (vgl. Blumenberg 2021, 9 ff.) nicht aussetzen zu müssen. Spannend sind Höhlenausgänge, die Menschen beschreiten, die bereit sind, jenseits des Vertrauten sich der Ungewissheit zu stellen und Neues zu erfahren (vgl. Blumenberg 2007). Die moderne „Höhle“ ist die Zivilisation. Menschliches Leben lässt sich angesichts des „Absolutismus der Wirklichkeit“ mit Blumenberg beschreiben als Wechselspiel des Suchens nach Höhlen, Höhlenausgängen und wieder neuen Höhlen. Es lässt sich begreifen als Suche nach Sicherheit und sich erweiternden Erfahrungs- und Handlungsmöglichkeiten angesichts der sozialen und menschlichen Konstante der Unsicherheit (Kontingenzerfahrung). Hans Blumenberg sah in der Mitte der zweiten Hälfte des letzten Jahrhunderts den Netzwerkbegriff verstärkt aufkommen. Er ist attraktiv, so können wir mit Blumenberg argumentieren, weil Netzwerk eine „absolute Metapher“ ist (Blumenberg 2015, S. 10), ein Bild, das nicht in Begrifflichkeit aufgelöst werden kann. Dieses Bild ist pragmatisch ausgerichtet: Es ermöglicht eine gedankliche Ausrichtung, soziale Wirklichkeit zu erkennen, und gibt Handlungsimpulse, Netzwerke aufzubauen. „Die Metapher ist deutlich charakterisiert als Modell in pragmatischer Funktion … was die Idee von ihm für uns“ (ebd., S. 12) und ihr zweckmäßiger Gebrauch ist. Eine Metapher bietet Orientierung, ohne begrifflich geklärt zu sein. Für das Denken und Handeln bleibt etwas offen, ein Bereich der Phantasie, der anregt weiterzudenken und zu handeln.

Eine Metapher kommt aus der Anschauung von Wirklichkeit und ist auf diese Anschauung orientiert. Insofern ist sie ein Hinweis, wie soziale, mitmenschliche Wirklichkeit beschaffen ist. Als Reaktion auf Individualisierung, Pluralisierung, Ausdifferenzierung und sogar Segmentierung drückt die Metapher des Netzwerks eine Reaktion auf die gesellschaftlich geschaffenen Folgen aus. Menschen, die gezielt Netzwerke aufbauen wollen, „schwimmen“ gegen den gesellschaftlichen Strom. Netzwerke sind sowohl eine beobachtbare Gegenbewegung als auch eine Idee, die vielfach erst noch realisiert werden muss. Sie sind fragil, ihre Verlässlichkeit und Dauerhaftigkeit sind zerbrechlich, weil sie zunächst an dem Gegenteil, nämlich dem beobachtbaren Nichtzusammenhalten ansetzen. Von hieraus stellen sich die Fragen: Was macht Netzwerke stabil? Und: Wann können Einzelne auf Netzwerke vertrauen?

Um diese Fragen besser beantworten zu können, werden wir uns im Folgenden ein geistes- und sozialwissenschaftliches Hintergrundwissen zu Netzwerken erarbeiten, das hilfreich und vielleicht sogar unerlässlich ist, Netzwerke geschickt handhaben zu können beziehungsweise zu managen.

Soziale Netzwerke stellen eine Form eines Zusammenschlusses von sozialen Akteuren dar, von einzelnen Menschen, Professionen oder von Organisationen. Die erste Hintergrundthese lautet, dass Netzwerke auf Unterschiedlichkeit aufbauen, ja, sogar noch mehr: sich Unterschiedlichkeit zu Nutze machen. Gerade weil der Andere anders zu mir ist, kann er mich bereichern. Mit Blick auf tertiäre Netzwerke kann auch formuliert werden: Unterschiedliche Dienstleistungen bereichern sich gegenseitig in integrierter Zusammenarbeit. Sie erhöhen die Angebotsmöglichkeiten und auch das Adressat:innenspektrum. Zudem entsteht, zweitens, eine Gemeinschaft, die zusammensteht, die sich gegenseitig unterstützt, die voneinander weiß. Netzwerke bauen also sowohl auf Unterschiedlichkeit als auch auf Gemeinsamkeit auf. Das Gemeinsame ist drittens ein Gewinn, den beide trotz ihrer Unterschiedlichkeit für sich erzielen können. Diese Unterschiedlichkeit muss hergestellt werden und erlebbar sein, damit das Netzwerk zusammenhält.

Die Unterschiedlichkeit der sozialen Akteure lässt sich auch konstruktivistisch erklären. Unser Denken von Wirklichkeit bezieht sich auf unsere Erfahrungen, unsere gewonnenen Einstellungen und Überzeugungen. Die Bedeutungslegung wahrgenommener, sozialer Wirklichkeit geschieht, bildlich gesprochen, in unserem Kopf angesichts unserer Vorerfahrungen. Unterschiedliche Menschen nehmen ein und dieselbe Wirklichkeit, an der sie gemeinsam Anteil haben, unterschiedlich wahr und deuten sie unterschiedlich. Diese Alltagserfahrung dürfte den meisten vertraut sein. Wir Menschen konstruieren Wirklichkeit. Denn wir sind auf die Reduktion der Komplexität der Wirklichkeit angewiesen, um uns orientieren zu können (Blumenberg 2015). Mit dem Konstruktivisten Paul Watzlawick lässt sich auch formulieren: Verstehen ist das Wunder, Nichtverstehen das Normale (vgl. Watzlawick et al. 2011). Ein Zusammenschluss von sozialen Akteuren muss von unterschiedlichem Verstehen und unterschiedlichen Relevanzen, Sinnperspektiven und Interessen ausgehen. In einem Netzwerk soll die Unterschiedlichkeit aufeinander zugeführt werden und zugleich soll sie bestehen bleiben und bereichern.

Anhand der Geschichte der Bedeutung des Wortes „Konkurrenz“ lässt sich der Grundgedanke der Unterschiedlichkeit in Netzwerken ebenfalls verdeutlichen. Das Wort „concurrere“ aus dem Lateinischen bedeutet: zusammen laufen. Die, die dasselbe anbieten und tun, laufen zusammen und stehen sich trotzdem wirtschaftlich gegenüber, in unserem heutigen Wortsinn, in Konkurrenz. Bäcker haben wahrscheinlich ursprünglich einmal gemeinsam ein Dorf oder eine Stadt mit Brot versorgt. Mit der Idee des Mehrwertes ist aus dem Miteinander ein Gegeneinander geworden. Für tertiäre Netzwerke ergibt sich aus dieser Erkenntnis eine vierte Regel: Unterschiedliche Angebote können in

Netzwerken aufeinander zugeführt werden, sie können kooperieren, gleiche Angebote stehen und bleiben aber in Konkurrenz. Der Netzwerkgedanke kann diese Konkurrenz nicht auflösen.

In Netzwerken wird fünftens versucht, Vielfältigkeit geschickt zu handhaben. Diese Anforderung stellt sich insgesamt mit Blick auf gesellschaftliche Veränderungsprozesse. Ist die Moderne ausgerichtet auf Rationalität, Kausalität und insgesamt auf eindeutiges Erkennen der Umwelt als Erkenntnisgegenstand oder Objekt, um den Menschen Sicherheit zu bieten, so betonen postmoderne Strukturen innerhalb moderner Gesellschaften den Verlust verbindlicher Metaerzählungen (vgl. Lyotard 2019) sowie eine individuell gültige Vielfältigkeit von Haltungen, Perspektiven und Lebensweisen. Unterschiedlichkeit und kreatives Potential im Rahmen von Freiräumen sollen nutzbar gemacht werden. Der Umgang mit Vielfältigkeit und Andersheit verlangt in der Handhabung die Ausbildung von Beteiligungsformen und eine ständige Orientierung am Prozess, ohne Ziele aus den Augen zu verlieren. Es sollen weniger Vorgaben und Ursache-Wirkungsketten mit vorweggenommenen Ergebnissen angestrebt werden als vielmehr ein zweckorientierter Umgang mit Komplexität. Sechstens gestalten Netzwerke, vergleichbar mit postmodernen Strukturen, Komplexität. Sie bauen anders als Systeme vor allem auf Freiwilligkeit auf. Der Sinn und Gewinn in (tertiären) Netzwerken muss, siebtens, von den Akteuren geschaffen, formuliert und erlebbar hergestellt werden, damit sie zusammenbleiben. Deswegen ist es irreführend, Netzwerke als eine Form von Systemen beschreiben zu wollen, wie dies in der Literatur häufig der Fall ist.

Erkenntnistheoretisch lassen sich Netzwerke, und das ist der achte Punkt, am besten dialektisch erkennen und beschreiben. Wir erinnern uns: These und Antithese ergeben eine Synthese. Das Netzwerk, der Zusammenschluss aus unterschiedlichen Akteuren (These und Antithese), ist mehr als die Summe der Teile, nämlich etwas Neues, ein neues Qualitätsniveau (eine Synthese). Die hinter der dialektischen Erkenntnisfigur stehende Logik ist die Paradoxie, nicht die Kausalität. Unterschiedliches wird aufeinander zugeführt und zusammengedacht: Unterschiedliches gehört zusammen, es bildet eine Einheit und bleibt zugleich unterschiedlich. Paradoxe Logik ist uns u.a. auch bekannt aus dem Bild der Einheit von Schwarz und Weiß, Yin und Yang. In Netzwerken machen vor allem auch paradoxes Begreifen und paradoxe Sätze Sinn, um sie handhabbar zu machen. Da Organisationen als System begriffen eigenen Sinnstrukturen folgen und von außen nicht steuerbar sind, sollen sie in Netzwerken gesteuert werden, beziehungsweise sich freiwillig selber gemäß der Vereinbarungen und Notwendigkeiten im Rahmen der Netzwerkarbeit steuern. Die Einflussnahme von außen auf Organisationen muss bewusst hergestellt werden. Dazu ist es notwendig, aus der Metapher Netzwerk einen Fachbegriff zu formulieren. An dieser Stelle kann, neuntens, festgehalten werden, dass Netzwerke ein eigenständiges soziales Gebilde darstellen. Sie sind kein System, keine Organisation und auch keine (themenbezogene) Arbeitsgruppe. Das Management von Netzwerken muss daher eigens formuliert werden. Soziales Zusammenkommen geschieht in Netzwerken in Gremien oder Gruppen. Aber zugleich gilt: Nicht das Zusammenkommen unterschiedlicher Professionen und Mitarbeitender aus verschiedenen Organisationen stellt bereits ein Netzwerk dar; eine thematisch zusammengestellte Arbeitsgruppe in einer Kommune oder Region bildet kein Netzwerk im Sinne des Case Managements.

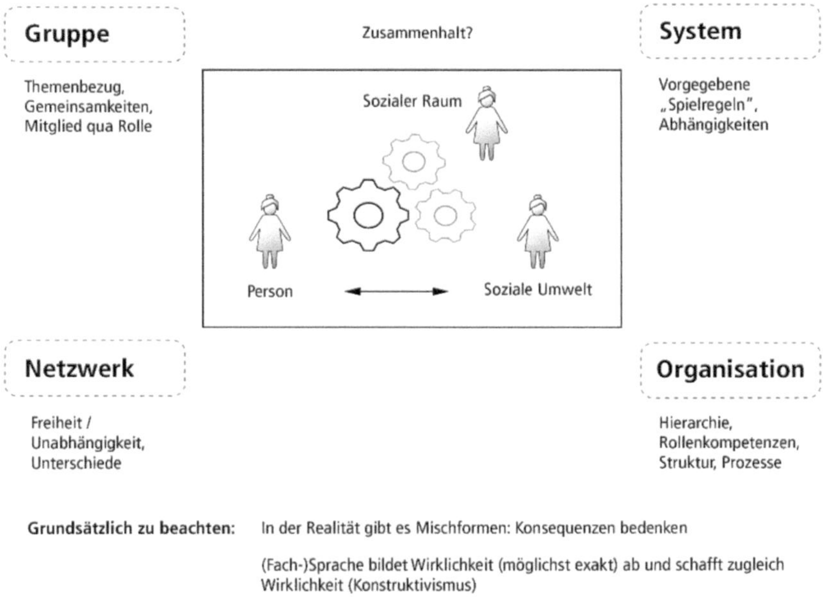

Abb. 12: Netzwerk – ein eigenes soziales Gebilde

Netzwerkmanagement verlangt, zehntens, andere Grundhaltungen und Steuerungsmechanismen als das Management von Organisationen. Leitungskräfte von Organisationen müssen ihr Leitungsverhalten in Netzwerken umstellen – bildlich gesprochen – auf postmoderne Managementstrategien. Kompetenzen, Unterschiedlichkeit zu erkennen und bereichernd aufeinander zuzuführen, kommen in den Vordergrund. Bestimmte Inhalte und Formen von Störungen werden Motor des angestrebten neuen Niveaus im konstruktiven Gespräch über das bisher Gedachte hinaus. Freiwilligkeit als Grundlage und ausgerichtete Freiräume werden idealerweise zur Stärke des Neuen. Sich selbst in den

Grenzen und Potentialen mit Blick auf den Anderen zu begreifen, ist Grundlage eines Dialogs, der im fachlichen Kontext aus der Freiheit und Kreativität zur Verbindlichkeit und Klarheit führt, um dann wieder in Frage gestellt und weiterentwickelt zu werden. Dabei sind Formen bereichernder Kommunikation – die Kunst, andere zu begeistern, sie in den Bann zu ziehen und zugleich freizulassen, antizipierend, vorausdenkend für den Anderen Nutzen zu stiften im Gespräch, mit ihm zu denken, offen für Veränderung zu sein und zugleich bei sich selbst beziehungsweise selbstbewusst und konfliktfähig zu sein, zu verhandeln, ernsthaft zu ringen um Ziele, Kompetenzen und Inhalte mit einem gemeinsamen Gewinn am Ende der Verhandlung – hilfreiche Kompetenzen. Netzwerke leben nicht nur von Regeln, sondern auch mit und von den Personen, die in Netzwerken tätig sind. Sie können als Strukturrahmen personenunabhängig gestaltet werden, aber sie benötigen Menschen, die die Idee tragen (können) und im sozialen Zusammenkommen akzeptiert sind. Netzwerke sind im Ergebnis äußerst attraktiv: Sie geben Kompetenzgewinn und gemeinsame Stärke. Sie heben das Gefühl des Alleinseins auf. Zugleich sind sie anstrengend herzustellen und müssen fortwährend gepflegt werden. Mit dem Begriff Netzwerk lässt sich soziales Leben mit Blick auf die Aufgabe, angesichts gegebener Unsicherheiten im Leben Verlässlichkeiten herzustellen, gut beschreiben. Dieser Begriff wird nun zum Fachbegriff. Damit wird der dialektisch begriffene soziale Raum zu einem fachlich aktiv und bewusst gestalteten Begegnungsraum (vgl. Mennemann, Dummann 2022, S. 93).

Zusammengefasst gibt es somit die folgenden zehn aufeinander aufbauenden Grundlagen von Netzwerken:

1. Netzwerke machen sich Unterschiedlichkeit zu Nutze.
2. In Netzwerken entsteht (freiwillig) eine Gemeinschaft.
3. Netzwerke bauen sowohl auf Unterschiedlichkeit als auch auf Gemeinsamkeit auf. Das Gemeinsame stellt für die Beteiligten einen Gewinn dar.
4. Unterschiedliche Angebote können kooperieren, gleiche bleiben in Konkurrenz.
5. In Netzwerken wird Vielfältigkeit gehandhabt.
6. Netzwerke gestalten vergleichbar zu postmodernen Strukturen Komplexität.
7. Der Sinn und der Gewinn in (tertiären) Netzwerken muss von den beteiligten Akteuren selber geschaffen, formuliert und erlebbar hergestellt werden.
8. Netzwerke lassen sich erkenntnistheoretisch am besten dialektisch beschreiben.

9. Netzwerke stellen in Abgrenzung z.B. zu Systemen, Organisationen und Gruppen ein eigenständiges soziales Gebilde dar.
10. Netzwerkmanagement verlangt von Leitungskräften andere Grundhaltungen und Steuerungsmechanismen als Organisationsmanagement.

Fachliches Netzwerkverständnis

Die absolute Metapher Netzwerk stellt, so haben wir es herausgearbeitet, einen attraktiven, fast ubiquitär verwandten Gegenbegriff zu gesellschaftlichen Entwicklungsprozessen dar. In fachlicher Hinsicht kann das Netzwerk definiert werden als „die Steigerung von Kooperation und Koordination“ (vgl. Bruder 1992, S. 27). Koordination meint die Ordnung und die Verlässlichkeit, die entsteht, wenn Strukturen im Sinne von Zuständigkeiten geschaffen werden. Kooperation bezeichnet ein „Tätig-Sein“, Prozesse werden gezielt gestaltet, Schnittstellen zwischen Professionen und Organisationen werden zu Nahtstellen mit wenig Verlust und Brüchen gemacht. Sie werden, bildlich gesprochen, mit Nadel und Faden bearbeitet, so dass unterschiedliche Teile zusammenkommen und der Übergang kaum noch sichtbar ist.

Das Netzwerk als Steigerung von Kooperation und Koordination lässt sich dialektisch gut erklären. In tertiären Netzwerken entsteht ein neues Qualitätsniveau, das nur gemeinsam erreicht und angeboten werden kann. Die Produktpalette erweitert sich, der einzelne Dienst partizipiert an dem Wissen und den Handlungsformen einer Gemeinschaft. Aus den Erfahrungen mit Inhouse-Schulungen lässt sich die Definition ergänzen um einen bei der Implementierung von Netzwerken zentralen Aspekt: die bestehende Kultur. Netzwerke mit Verwaltungen sind zum Beispiel anders aufzubauen als mit gemeinnützigen Vereinen, weil das Hierarchieverständnis und die Bedeutung von Verwaltungsvorgaben different sind.

Eine fachliche Definition von Netzwerken lässt sich wie folgt formulieren: *Netzwerke sind eine Steigerung von Kooperation und Koordination in bestehende Kulturen hinein.* Die unterschiedlichen Kulturen sind der entscheidende Grund, warum Netzwerke nicht von außen theoretisch in ihren Strukturen und Abläufen vorwegbestimmt werden können. Sie können nur im Prozess der Akteure gemeinsam erarbeitet werden. Dieser Prozess kann vor dem Hintergrundwissen über Netzwerke geschickt gestaltet werden. „Case Management auf der institutionellen Netzwerkebene meint den Aufbau und die Steuerung einer weitestgehend verbindlichen, nach Möglichkeit vertraglich geregelten, standardisierten und aufeinander abgestimmten Zusammenarbeit professioneller und freiwilliger Akteure in der Region, die Hilfe anbieten und die für den Einzelfall koordinierend aufeinander abgestimmt werden können" (DGCC (2) 2020, S. 34).

Der fachliche und ethische Anker von Netzwerken ist im Case Management der Bedarf der Menschen, die professionelle Hilfe benötigen. Die Abläufe der Dienste zueinander sollen so weit wie möglich standardisiert, also vereinbart, sowie integriert, das bedeutet ineinander verschränkt und eben nicht nur additiv erfolgen. Integration meint die Einbeziehung des Wissens und der Arbeit des Anderen in das eigene Tun. Bei einer additiven Zusammenarbeit folgt jeder Dienst den eigenen Relevanzen, so dass Schnittstellen nicht zu veränderten Hilfeprozessen eines einzelnen Dienstes führen. Integrierte Zusammenarbeit setzt Kommunikation, das Bemühen um Verstehen des Anderen, sowie die Bereitschaft, die eigenen Handlungsformen zu verändern, voraus. Das Bewusstsein, mit Blick auf eine komplexe Hilfesituation – bildlich gesprochen – ausschließlich ein „Baustein" oder ein „Rad" im gesamten Versorgungsgefüge zu sein, in der Regel nicht der alleinige, nicht der wichtigste und auch nicht der Baustein, der die Lösung produzieren kann, ist grundlegend. Tertiäre Netzwerke sollen zudem den Handelnden personenunabhängig, nämlich strukturbezogen Verlässlichkeit bieten.

Es gibt vielfältige Formen der Zusammenarbeit zwischen Mitarbeitenden unterschiedlicher Organisationen, die sich beispielsweise über viele Berufsjahre kennen. Aber diese Formen der Zusammenarbeit brechen zusammen, wenn die Personen gehen. Tertiäre Netzwerke sollten fachkräfte- und situationsunabhängig gestaltet werden.

Mit Blick auf die folgenden Eigenschaften lassen sich Netzwerkmodelle bzgl. ihrer Qualität voneinander unterscheiden:

- Verbindlichkeit: situations- und personenbezogene Verbindlichkeit versus struktureller und organisationsbezogener Verbindlichkeit

- Grad der Standardisierung der Zusammenarbeit: mündlich versus schriftlich, gegebenenfalls sogar vertraglich standardisierte Zusammenarbeit

- Anzahl der Partner: von bilateral bis multilateral

- Instrumente: beidseitig oder einseitig, spontan oder vereinbart

Die Anzahl relevanter Fälle der Zusammenarbeit ist ein grundlegendes Kriterium für die Wahl der Netzwerkqualität. Die beste Wahl sind nicht immer vertraglich geregelte, hoch standardisierte Netzwerke. Situationsbezogene, bilaterale, mündliche Absprachen sind bei einer geringen Anzahl an Fallsituationen, in denen Dienste zusammenarbeiten, gegebenenfalls zielführender.

Neben qualitativ unterschiedlich ausgerichteten Modellen gibt es unterschiedliche Netzwerkformen, die die Arbeit der Akteure zueinander beschreiben. Dadurch entstehen unterschiedliche Case Management-Formen, die eine unterschiedliche Reichweite und Autorisierung der Case Manager:innen im Netzwerk zur Folge haben. Die folgende Graphik vermittelt beispielhaft einen ersten Überblick.

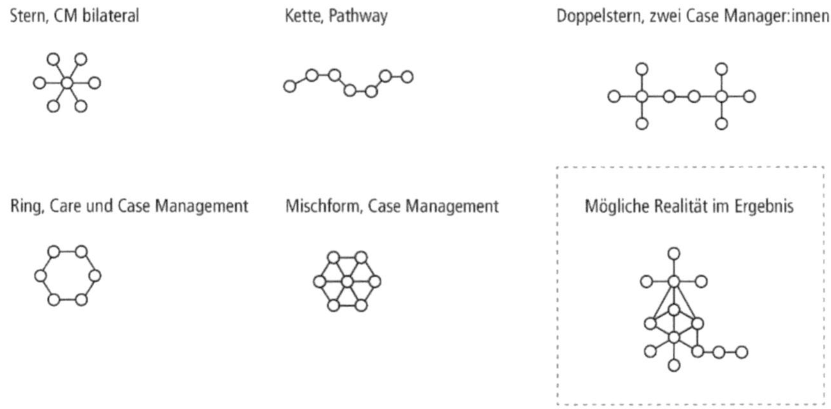

Abb. 13: Netzwerkformen

Auch hier gilt, dass nicht die höchste Vernetzungsform, die Mischform von Stern und Ring, die stets anzustrebende darstellt, vielmehr muss in der Praxis der Betrieblichen Sozialen Arbeit entschieden werden, welche Form angemessen und anzustreben ist. Alle Formen haben Vor- und Nachteile. In der Realität sind häufig Mischformen anzutreffen.

Der Weg zur Zusammenarbeit in einem fachlichen Netzwerk geht über den Ausweis der Güte der eigenen Arbeit hinaus. Andere Dienste können erst anknüpfen an die eigene Arbeit, wenn diese transparent und verstehbar dargelegt wird. Zunächst müssen Organisationen und Dienste der Betrieblichen Sozialen Arbeit sich selber erklären und insofern anknüpfungsfähig für andere machen. Netzwerke werden von innen nach außen aufgebaut. Dazu gehört eine Wertschätzung der eigenen Arbeit, der eigenen Mitarbeitenden seitens der Leitungskräfte, sowie eine Wertschätzung und Neugier den anderen Organisationen gegenüber. Da in Netzwerken Organisationen mit ihren jeweiligen Hierarchieebenen und Eigenlogiken (als Systeme begriffen) zusammenkommen, werden Netzwerke hierarchieebenenkonform aufgebaut.

Tertiäre Netzwerke stellen einen freiwilligen Zusammenschluss unterschiedlicher Systeme dar, der in einer Gremien- und Arbeitsgruppenstruktur organisiert wird. Systemtheoretisch stellt ein Netzwerkvertrag mit Festlegung der Güte der Zusammenarbeit das Kopplungsrational zwischen unterschiedlichen Systemen beziehungsweise Organisationen dar. Allen Gremien oder Arbeitsgruppen kommen eine definierte Kompetenz und Aufgabenzuordnung zu. Die Leitungskräfte der Organisationen steuern ihre Organisationen und auch das Netzwerk. Leitende Mitarbeitende gestalten die Schnittstellen, und die fallbezogen tätigen Fachkräfte können in der konkreten Arbeit auf das in der Struktur definierte sowie das in den Abläufen vereinbarte Netzwerk zurückgreifen. Wenn die Führungsebenen der Organisationen das Netzwerk nicht gemeinsam steuern und sie ihr grundsätzliches Einverständnis zu einer vernetzten Zusammenarbeit nicht erklärt haben, brechen Netzwerke schnell zusammen. In der Nichtbeteiligung von Leitungskräften zur Steuerung des Netzwerkes liegt eine häufige erste Fehlerquelle. Eine zweite besteht darin, dass Arbeitsgruppen hierarchieübergreifend thematisch gebildet werden. Diese können häufig nichts oder nur wenig verbindlich und dauerhaft gültig beschließen. Netzwerke werden zwar häufig von Mitarbeitenden angestoßen und sie werden von diesen operativ entwickelt und getragen, aber aufgebaut werden sie mit Blick auf die Hierarchieebenen von oben nach unten. Netzwerke sollten organisations- und rollenbezogen gedacht und gestaltet werden. Es ist nicht möglich, an Fachkräfte den Auftrag zu delegieren, ein Netzwerk aufzubauen. Vielmehr treffen sich unterschiedliche Rollenträger hierarchieebenenadäquat in unterschiedlichen Gremien mit unterschiedlichen Aufträgen.

Orientieren wir uns an dem Bild eines stehenden Menschen, so ist auch für ein Netzwerk zentral, den gemeinsamen Halt, die Basis, sowie die gemeinsame Ausrichtung eindeutig zu bestimmen. Netzwerke benötigen ein eigene, manchmal schriftlich fixierte, Verständigung als Basis und Halt, um eine gemeinsame Werteorientierung zu haben, sowie ein möglichst klar und eindeutig definiertes Ziel.

Die zentrale Bedeutung einer gemeinsamen Zielformulierung wurde im Rahmen eines Praxisentwicklungsprojektes herausgearbeitet. Bei einem Wohlfahrtsverband auf Landesebene sollten mehrere Netzwerke aufgebaut werden. Zentrales Ergebnis war, dass nur die Netzwerke Bestand hatten, die zuvor ein klar verständliches, präzise und eindeutig formuliertes sowie von allen geteiltes Ziel des Netzwerkes formuliert hatten. Darüber hinaus benötigen Netzwerke neben einer Definition von Rollen- und jeweiligen Verantwortungs- und Kompetenzzuschreibungen auch noch Hierarchien, Gremien, regelmäßige Veranstaltungen und somit Verlässlichkeiten beziehungsweise Strukturen

(Koordination) sowie definierte Verfahrenswege, Schnittstellengestaltungen, also Prozessbeschreibungen (Kooperation). Auf der Grundlage von Freiheit und Zusammenarbeit, Unterschiedlichkeiten und Gemeinsamkeiten, Komplexität und Vielperspektivität wird im Netzwerk zwischen den Organisationen der kommunikative, gemeinsame Raum transformiert zu einem Qualitätsraum gemeinsamer Hilfeangebote.

Die Herausforderungen auf diesem Weg lassen sich vergleichen mit existentiellen menschlichen Aufgaben. Der amerikanische Psychiater Irving D. Yalom hat mit Blick auf alle von ihm durchgeführten Therapien vier Themenbereiche und Herausforderungen beschrieben, auf die sich alle therapeutischen Anfragen zurückführen ließen (vgl. Yalom 1990, S. 11). Sie können unmittelbar auf die Herausforderungen in einem Netzwerk übertragen werden:

1. *Umgang mit Isolation – die Erfahrung, sich nicht verstanden zu fühlen:* Herausforderung (in einem Netzwerk) ist, eine Kultur der Wertschätzung und Begegnung auf einer Haltung ehrlichen Interesses und Neugierde zu entwickeln.

2. *Umgang mit Irritation – die Erfahrung, sich nicht zurechtzufinden:* Herausforderung (in einem Netzwerk) ist, transparente und klare Strukturen zu schaffen, Kompetenzen und Rollen zu definieren.

3. *Umgang mit Verzweiflung – die Erfahrung, keine Resonanz zu erhalten:* Herausforderung (in einem Netzwerk) ist, über eine klare Prozessgestaltung Dialog zu ermöglichen, Umgang mit Konkurrenzen zu klären, Instrumente und Datenvermittlungen zu definieren (eine Prozessgestaltung bietet einen Schutz vor situativen und personenbezogenen „Spielen mit Macht").

4. *Umgang mit Freiheit und Verantwortung – die Erfahrung der Angst, falsche Entscheidungen in zunehmender Komplexität sowie gegebener ungleicher Voraussetzungen zu treffen:* Herausforderung (in einem Netzwerk) ist, Handlungssicherheiten gemeinsam zu erarbeiten, Verlässlichkeiten anzubieten und dem Anderen seine Stärke zu lassen, diese gegebenenfalls sogar hervorzuheben (Empowerment als Grundlagenkonzept).

In Netzwerken gehört es zu den Herausforderungen, einen gemeinsamen Umgang mit Ambivalenzen, Vielfalt, Störungen, Konflikten, Unverständnissen, Intransparenzen und insgesamt Kontingenzen zu finden, ohne Räume der Entscheidungsfreiheit und Kreativität unnötig zu beschränken oder sie ganz zu nehmen. Dazu ist ein Management hilfreich, das sich angesichts des Zieles, bedarfs- und personenorientiert zusammenzuarbeiten, stärker auf den gemeinsamen Prozess als auf ein vordefiniertes Ergebnis orientiert sowie Beteiligung und Dialog ins Zentrum stellt, um Gemeinsamkeiten, Strukturen und Prozesse im Netzwerk kulturangemessen zu finden.

Netzwerkende sollten antizipierend Nutzen stiften, verhandeln, moderieren, Konflikte lösen, attraktiv, positiv und motivationsfördernd sowie konstruktiv, lösungsorientiert kommunizieren können. Dazu ist hilfreich, seismographisch Widerstände auf der persönlichen und der fachlichen Ebene wahrnehmen zu können und zwischen den Beteiligten bearbeitbar zu machen.

Tertiäre Netzwerke sind lohnenswert, sie vergrößern den Einflussbereich, die Stärke und Sicherheit, und sie bereichern in der Qualität die eigene Arbeit, die integriert ausgerichtet wird. Zugleich sind sie kommunikativ voraussetzungsvoll, stets fragil, müssen professionell „gepflegt" und im Prozess angesichts sich verändernder Umweltfaktoren, wie neuen gesetzlichen Grundlagen, neuen Angeboten und Organisationen im regionalen Versorgungsgefüge, gestaltet werden. Netzwerke im professionellen Versorgungsgefüge stellen eine Fragilität dar, die es wert ist und die herausfordert, fachkompetent gestaltet zu werden.

4.2 Ein Netzwerk aufbauen

Die Implementierung eines Netzwerkes im Rahmen von Case Management stellen wir im Folgenden beispielhaft mit Blick auf einen Betrieb dar, der im Rahmen von Case Management mit anderen Diensten zusammenarbeiten möchte. Gehen wir weiter davon aus, dass die Organisation sich bezüglich der Darstellung der Güte ihrer eigenen Dienstleistungen aufgestellt hat und die Betriebliche Soziale Arbeit um die organisationsexternen Dienste weiß, mit denen sich eine Zusammenarbeit anbietet. Dann ist im nächsten Schritt zu klären, mit welchen Organisationen welches Netzwerkmodell, also vor allem: welcher Grad der Standardisierung, angestrebt wird.

Netzwerke, wie sie im Folgenden auf einem sehr hohen Niveau der Zusammenarbeit und der Versorgung erläutert werden, sind in der Betrieblichen Sozialen Arbeit nur dann relevant, wenn es regelhaft mit Blick auf den sozialen und gesundheitlichen Bedarf der Mitarbeitenden eine Zusammenarbeit mit anderen Diensten gibt, die auch im Einzelfall gesteuert werden soll.

In der Regel werden in der Betrieblichen Sozialen Arbeit Verständigungen im Einzelfall oder bilaterale Vereinbarungen ausreichen. Trotzdem kann es gerade in großen Organisationen, bei externen Anbietern oder auch im Einzelfall für Betriebliche Soziale Arbeit sinnvoll sein, das im Folgenden dargestellte höchste Netzwerkniveau im Sorgeraum zu implementieren. Zudem ist die Kenntnis über den Aufbau ggfs. sogar vertraglich geregelter Formen der Zusammenarbeit hilfreich, um abzuschätzen, welche Form von Netzwerken tatsächlich benötigt werden und wie diese aufgebaut werden.

Beim Netzwerkaufbau ist es hilfreich, mit den Organisationen und mit einer Anzahl von Organisationen zu beginnen, bei denen ein Netzwerkaufbau, realistisch betrachtet, gelingen kann. Wenn kleine Organisationen mit wenigen Mitarbeitenden zuerst mit großen Organisationen mit mehreren Diensten und Mitarbeitenden ein Netzwerk aufbauen wollen, ist fraglich, ob dies für die großen Organisationen attraktiv ist. Netzwerke lassen sich besser mit einer zunehmend wachsenden Bedeutung des Netzwerkes „von leicht nach schwer“ aufbauen. Ein anderes Kriterium, das dem ersten widersprechen kann, ist allerdings, nach Möglichkeit von Beginn an alle relevanten Organisationen hinzuzunehmen, um nicht später in ein bestehendes Netzwerk neue, wichtige Partner hinzunehmen zu wollen, die dann ihrerseits die geschaffenen Bedingungen im Netzwerk nicht akzeptieren. Diese beiden Kriterien, ein realistischer Blick und die gesamte Breite relevanter Organisationen, müssen bei der Entscheidung, mit wem das Netzwerk aufgebaut werden soll, bedacht werden.

Das Netzwerk wird, wenn es implementiert ist, von den Leitungen der beteiligten Organisationen oder den zuständigen Organisationseinheiten, vor allem der Leitung der Betrieblichen Sozialen Arbeit, die mit Blick auf das Netzwerk alle notwendigen organisationsbezogenen Entwicklungsbefugnisse haben, gesteuert. Die Organisationen können nicht über das Netzwerk gesteuert werden, zugleich gibt es Netzwerkvoraussetzungen, die von den Organisationen umgesetzt werden müssen. Es gibt keine hierarchisch den Organisationen übergeordnete Netzwerksteuerung. Verbindliche Regelungen müssen von den Leitungen der Organisationen im Rahmen der Netzwerkarbeit verabschiedet und mitgetragen werden. Die Leitung des Netzwerkes besteht in der Regel aus einer Steuerungsgruppe, die aus obersten Leitungskräften der Organisationen besteht.

Diese wählt bei größeren Netzwerken eine/n Sprecher:in oder Vorsitzende:n und bedient sich gegebenenfalls einer Geschäftsstelle oder Netzwerker:innen, die die operative Arbeit umsetzen und für den Aufbau und die Pflege des Netzwerkes fachliche Impulse geben.

Gehen wir beispielhaft von einer Organisation mit der Idee aus, mit bestimmten Organisationen themenbezogen ein Case Management-Netzwerk der Zusammenarbeit aufzubauen, dann nehmen zunächst zuständige Leitungskräfte mit den obersten Leitungskräften der anderen Organisation Kontakt auf und klären die grundsätzlichen Möglichkeiten, in einem Netzwerk zusammenzuarbeiten. Wenn hier mehrere Gespräche bilateral geführt werden, sind dies Verhandlungsgespräche. Dazu sollten die Argumente so aufbereitet sein, dass der Nutzen der anderen Organisation(en) deutlich wird.

Alternativ kann es ein fachlich vorbereitetes Zusammentreffen aller potentiell relevanten Leitungskräfte geben, das zum Ziel hat, allen die Möglichkeit zu geben zu entscheiden, sich an dem entstehenden qualitätsbezogenen Netzwerk zu beteiligen. Aus den Leitungskräften aller beteiligten Organisationen, die sich zunächst dazu entschließen, einen Implementierungsprozess zu beginnen, wird eine Steuerungsgruppe gebildet. Dieser Prozess kann zunächst auch nur mit einer einzigen anderen Organisation beginnen. Das ist häufig ratsam, um sich im Netzwerkaufbau zu üben – vor allem dann, wenn keine externen Netzwerkende hinzugezogen werden. Bei mehreren beteiligten Organisationen kann es Sinn machen, den Prozess von Anfang an extern begleiten zu lassen, um fachlich federführend den Prozess über eine Partei aufzubauen, die nicht in einer Doppelrolle ist und die entstehende Konkurrenz- und Entscheidungskonflikte besser auf eine Klärung zuführen kann.

Die Steuerungsgruppe der obersten Leitungskräfte aller beteiligten Organisationen bzw. der zuständigen, autorisierten Dienste wie der Betrieblichen Sozialen Arbeit verabschiedet zuallererst ein Implementierungskonzept für einen Netzwerkaufbau. Dieses kann von Case Manager:innen oder Netzwerker:innen der eigenen Organisation oder auch extern erarbeitet werden. Das Konzept enthält Antworten auf die Frage: Wer macht was wann? „Wer und was" sind die Fragen nach den Aufgaben und Kompetenzzuschreibungen an die Netzwerkgremien. Es sind Fragen nach der Implementierungsstruktur, also den rollenbezogenen Verlässlichkeiten beim Netzwerkaufbau. In der Regel werden die folgenden Gremien gebildet: die Steuerungsgruppe bestimmt eine interne oder externe fachliche Expertise in Form einer Netzwerkleitung, die alle operativen Aufgaben übernimmt und die fachlich ein Netzwerk aufbauen kann. Diese moderiert idealerweise alle Sitzungen, bereitet sie fachlich vor, fasst die Ergebnisse zusammen, verfolgt eine Ergebnisumsetzung und protokolliert die Prozesse, aber sie trifft keine Entscheidungen.

Neben der Steuerungsgruppe und der internen oder externen Netzwerkleitung werden in der Regel thematische Arbeitsgruppen gebildet. Dabei ist wichtig, dass es keine Arbeitsgruppen gibt, die ein und dasselbe Thema bearbeiten. Denn die unterschiedlichen Ergebnisse können im Nachgang kaum konsentiert werden, und Mitarbeitende arbeiten tendenziell konkurrenzbedingt in eine Frustration hinein. Im Rahmen eines Case Management-Prozesses, von dem wir hier ausgehen, bietet sich an, eine Arbeitsgruppe zu bilden, die sich um die Zusammenarbeit im Netzwerk kümmert:

- das Netzwerkmodell, das angestrebt werden soll vor allem mit Beantwortung der Frage, wo wie viele fallbezogene Case Manager:innen sitzen werden,
- den fallunabhängigen Datenaustausch, der die Zusammenarbeit auf Netzwerkebene klärt, und auch
- ein Beschwerdemanagementkonzept im Netzwerk.

Diese Gruppe nennen wir im Beispiel Care Management-Gruppe. Sie besteht aus leitenden Mitarbeitenden, deren Kompetenzbereich in ihrer Organisation die Zusammenarbeit mit anderen Diensten umfasst. Darüber hinaus wird eine Gruppe von Mitarbeitenden benötigt, die die Case Management-Instrumente auf der Fallebene erarbeitet. Sollte nur eine Organisation Case Manager:innen im Netzwerk vorhalten, dann müssen mit Mitarbeitenden aller Organisationen nur die Falleingangsphase, Case Finding mit Screening-Instrument, Access, Intake und Outreach sowie Linking, Monitoring-Instrumente und die Evaluation im Netzwerk geklärt werden. Wenn nicht nur eine Organisation Case Manager:innen vorhält und noch keine Case Management-Instrumente vorliegen, dann müssen vor allem Assessment und Serviceplan zuallererst und zudem erarbeitet werden. Diese Gruppe, die wir hier Case Management-Gruppe nennen, besteht aus Berater:innen, die unmittelbar mit den Personen mit Unterstützungsbedarf zusammenarbeiten.

Und schließlich macht es Sinn, vor allem am Anfang und am Ende eines Implementierungsprozesses alle relevanten Mitarbeitenden aller Organisationen einzubeziehen, diese zu informieren und wichtige Informationen zu dem Implementierungsprozess einzuholen. Dann werden alle auf dieselbe Art und Weise informiert und es entstehen zumindest weniger Kommunikationsbrüche oder vielleicht schädliche Vermutungen über das, was aufgebaut wird.

Im Ergebnis entsteht eine Implementierungsstruktur eines Netzwerkes, die analog zu den Hierarchieebenen in Organisationen aufgebaut ist. Eine Steuerungsgruppe, bestehend aus den obersten Leitungskräften, und zwei Arbeitsgruppen: eine Care Management-Gruppe, bestehend aus Leitungskräften, und eine Case Management-Gruppe, bestehend aus Beratenden, die gegebenenfalls später auch als Case Manager:innen tätig sind. Alle Gruppen haben unterschiedliche Aufträge gemäß ihrer jeweiligen Kompetenzen in ihren Organisationen. Die operative und fachliche Leitung übernehmen Case Manager:innen oder Netzwerker:innen, die fachlich in der Lage sind, ein Netzwerk aufzubauen und denen die Autorität dazu zugestanden wird.

Neben der Implementierungsstruktur muss dann als Nächstes die Frage geklärt werden: Was passiert wann? Es wird ein Implementierungsprozess oder Ablaufplan erarbeitet. In der Regel treffen sich zunächst die obersten Leitungskräfte zumindest zweimal. Sie müssen informiert werden über die Konsequenzen einer Zusammenarbeit in einem Netzwerk für ihre eigene Organisation mit Blick auf die Implementierungsphase und spätere Netzwerkphase. Das Qualitätsmanagement, die Struktur und die Abläufe der eigenen Organisation sind in unterschiedlichem Maße betroffen.

Während der Implementierungsphase müssen Mitarbeitende freigestellt werden, und der Informationsfluss muss in der eigenen Organisation sichergestellt werden. Nehmen wir an, dass sich die Steuerungsgruppe darauf verständigt, am Ende einen Netzwerkvertrag unterzeichnen zu wollen, weil dies die umfangreichste und komplexeste Form der Zusammenarbeit in einem Netzwerk ist, dann müssen die obersten Leitungskräfte sich auf Leitsätze des Netzwerkes verständigen. Die sind grundsätzlich kompatibel zu denen der eigenen Organisation zu formulieren. In diesen Leitsätzen werden zum Beispiel der Umgang mit vorhandenen Konkurrenzen geklärt und der fachliche und ethische „Anker“ im Case Management formuliert: die Ausrichtung aller Leistungen organisationsübergreifend an dem Bedarf der Adressat:innen. Diese Zweck-Mittel-Relation bestimmt den Erfolg der Zusammenarbeit im Netzwerk: Zweck ist die bedarfsorientierte und organisationsübergreifende Hilfe für die Adressat:innen, und das Mittel sind die Angebote und Interessen der Organisationen.

Die Steuerungsgruppe verständigt sich zu Beginn also neben der klaren Definition des Zwecks des Netzwerkes auf ein Implementierungskonzept, das eine Struktur und einen Ablaufplan enthält, sowie auf ein Netzwerkleitbild. Zur Verabschiedung dieser Inhalte sind zumindest zwei Sitzungen notwendig. Denn es ist nicht sinnvoll, in ein und derselben Sitzung Ideen zu sammeln und diese zugleich konsentieren zu wollen. Zudem benötigen die Leitungskräfte in ihren Organisationen Zeit, sich bei ihren Mitarbeitenden und vor allem dem Gremium, dem gegenüber sie Rechenschaft schuldig sind, zu erkundigen, ob eine Zusammenarbeit in einem Netzwerk gewollt und sinnvoll ist.

Danach werden in der Regel alle potentiell relevanten Mitarbeitenden gemeinsam auf einer Tagung über das Vorhaben und die zu bildenden Gremien oder Arbeitsgruppen informiert. Im Anschluss daran werden die operativen

Arbeitsgruppen gebildet. Diese werden fachlich geschult, damit sie das Netzwerkkonzept, fallunabhängigen Datenaustausch, ein Beschwerdemanagement (Care Management-Gruppe) und alle einzelfallbezogenen Case Management-Instrumente inklusive der fallbezogenen Schnittstelleninstrumente (Case Management-Gruppe) erarbeiten können.

Die Entscheidungen über alle Arbeitsergebnisse werden in der Steuerungsgruppe getroffen. Letztlich wird so ein Netzwerkvertrag erarbeitet. Dieser besteht in der Regel aus den folgenden Inhalten:

- Thema, Teilnehmende, (gesetzliche) Rahmenbedingungen, Zweck, Gruppe der Personen mit Unterstützungsbedarf
- Leitbildsätze: Grundlagen der Zusammenarbeit im Netzwerk
- Netzwerkstruktur: Kompetenzen, Verantwortungen; Netzwerkmodell; Beschwerdemanagement; Zusammenarbeit im Netzwerk inklusive Zeiten regelmäßiger Treffen
- Instrumente auf der Einzelfallebene: Case Management-Verständnis
- Formale Regelungen: Inkrafttreten, Ausschluss eines Mitgliedes, Aufnahme neuer Mitglieder und Unterschriften

Es bietet sich an, zunächst in einem Pilotprojekt die Instrumente und die Art der Zusammenarbeit im Netzwerk auszuprobieren. Dazu wird das Screening-Instrument, das später alle im Netzwerk Mitarbeitenden anwenden sollen, um Case Management-Fälle frühzeitig erkennen zu können, in der Pilotphase nicht angewandt. Vielmehr führen die Case Manager:innen nur einige wenige, von ihnen ausgesuchte Fälle durch, um die Praktikabilität der Instrumente und die Tragfähigkeit der Koordination im Einzelfall zu erproben. Erst danach beginnt die vollständige Arbeit im Netzwerk; Zuweisungen an die Case Manager:innen werden von allen Beteiligten auf Grundlage des Screening-Instrumentes vorgenommen.

Netzwerke müssen aufgrund ständiger Veränderungen und der grundsätzlichen Freiwilligkeit der beteiligten Organisationen stets gepflegt werden. Gegebenenfalls benötigen kleinere Organisationen im Netzwerk einen Schutz, um Gehör zu finden. Dies ist vor allem wichtig, wenn professionelle Organisationen auf ehrenamtlich getragene Vereine treffen und diese zusammenarbeiten wollen (wie zum Beispiel im Bereich der Hospizbewegung). Dann müssen strukturell von Anfang an Vorkehrungen im Netzwerk getroffen werden, die die Ehrenamtlichen schützen. Bei professionellen Diensten bietet sich in der Regel unabhängig von der Größe an, dass alle das gleiche Stimmrecht haben.

In politischer Hinsicht sind bei der Formulierung von Managed-Care-Strukturen die Bedingungen von Netzwerken als eigenes soziales Gebilde zu berücksichtigen, um eindeutige Anreize für eine Zusammenarbeit in Netzwerken zu geben. Verantwortliche benötigen ein Wissen über die Kriterien und Bedingungsfaktoren von Netzwerken, damit nicht ambivalente Anreize der Konkurrenzfähigkeit einzelner Organisationen den Vorrang vor Netzwerkanreizen geben.

Fazit

Case Management ist ein steuerndes Handlungskonzept im Umgang mit komplexen Hilfesituationen. Das macht Case Management auch für die Betriebliche Soziale Arbeit hochrelevant. Organisationen können sich entscheiden, ob Case Management in Anlehnung an das bestehende Modell der Betrieblichen Sozialen Arbeit intern oder extern durchgeführt werden soll. Bei zunehmend komplexen Hilfesituationen der Mitglieder einer Organisation erscheint es sinnvoll, Case Management anzubieten und die Betriebliche Soziale Arbeit fachlich an dieses Handlungskonzept anzulehnen. Betriebliche Soziale Arbeit – egal ob sie innerhalb einer Organisation durchgeführt oder von extern angeboten wird – wird sich der Frage stellen müssen, ob es nicht sinnvoll ist, Case Management als zusätzliches Angebot im Portfolio zu integrieren. In einer Befragung zu den Aufgabenbereichen der Betrieblichen Sozialen Arbeit gehörte das Case Management daher auch nicht überraschend zu den zehn häufigsten Nennungen (Klein 2021, S. 109).

Wenn Case Management von der internen Betrieblichen Sozialen Arbeit durchgeführt wird, muss nicht die gesamte Organisation die Grundlagen des Case Managements in der eigenen Organisation umsetzen, wie das beispielsweise bei Organisationen der Fall ist, deren Zweck die externe Betriebliche Soziale Arbeit, die gesundheitliche Versorgung oder soziale Teilhabeorientierung anderer Menschen ist.

Das führt dazu, dass die Organisation in einem geringeren Maße von der Implementierung von Case Management betroffen ist als in der Sozialen Arbeit üblich. Trotzdem bleiben grundlegende Prinzipien relevant. Die Leitung der Organisation muss die Betriebliche Soziale Arbeit beauftragen, Case Management zu implementieren und das jeweilige Case Management-Modell bewilligen. Sofern es weitere in der Organisation relevante am Case Management beteiligte Dienste gibt, müssen Zuständigkeits- und Steuerungsfragen von der Leitung entschieden werden. Die Netzwerkarbeit wird in aller Regel nicht so umfangreich sein müssen, wie sie in diesem Buch grundlegend dargestellt wurde. Die exemplarische Darstellung erläutert das höchste Versorgungsniveau im Sorgeraum. Ein niedrigeres Versorgungsniveau wird sich in der Praxis häufig als sinnvoll zeigen, sollte jedoch bewusst entschieden werden.

Literatur

Barnard, Chester (1938): The Functions of the Executive. Cambridge, Massachusetts: Harvard University Press.

Beck, Ulrich (2020): Risikogesellschaft. Auf dem Weg in eine andere Moderne. 24. Aufl. Frankfurt am Main: Suhrkamp.

Bette, Karl-Heinrich; Schimank, Uwe (2006): Doping im Hochleistungssport. Anpassung durch Abweichung. 2., erw. Aufl. Frankfurt am Main: Suhrkamp.

Blumenberg, Hans (2007): Höhlenausgänge. 3. Aufl. Frankfurt am Main: Suhrkamp.

Blumenberg, Hans (2015): Paradigmen zu einer Metaphorologie. 6. Aufl. Frankfurt am Main: Suhrkamp.

Blumenberg, Hans (2018): Phänomenologische Schriften. 1981–1988. Unter Mitarbeit von Nicola Zambon. Suhrkamp.

Blumenberg, Hans (2021): Arbeit am Mythos. 7. Aufl. Frankfurt am Main: Suhrkamp.

Böhnisch, Lothar; Lösch, Hans (1973): Das Handlungsverständnis des Sozialarbeiters und seine institutionelle Determination. In: Hans-Uwe Otto und Siegfried Schneider (Hrsg.): Gesellschaftliche Perspektiven der Sozialarbeit. Bd. 2. Neuwied/Berlin: Luchterhand, S. 21–40.

Bruder, Jens (1992): Geriatrische Versorgung im Umbruch: Vernetzungsnotwendigkeiten im Widerstreit mit Ängsten vor verwirrender Komplexität. In: Helmut Braun, Jens Bruder, Reinhard Dierl, Ludger Veelken und Hansjörg Werner (Hrsg.): Beiträge der Fachtagung. Vernetzung in Altenarbeit und Altenpolitik: Probleme und Perspektiven in der neuen Bundesrepublik. Köln, S. 27–37.

Bullinger, Hermann; Nowak, Jürgen (1998): Soziale Netzwerkarbeit. Eine Einführung für soziale Berufe. Freiburg: Lambertus.

Deutsche Gesellschaft für Care und Case Management (Hrsg.) (2020): Case Management Leitlinien. Rahmenempfehlung, Standards und ethische Grundlagen. 2., neu bearb. Aufl. Heidelberg: medhochzwei (Case Management in der Praxis).

Ehlers, Corinna; Müller, Matthias; Schuster, Frank (2017): Stärkenorientiertes Case Management. Komplexe Fälle in fünf Schritten bearbeiten. Opladen, Berlin, Toronto: Barbara Budrich.

Klein, Martin (2021): Eine kleine Einführung in die Betriebliche Soziale Arbeit. Weinheim, Basel: Beltz Juventa (Betriebliche Soziale Arbeit, 1).

Klein, Martin, Schermaier-Stöckl, Barbara (2021): Vertrauen in der Betrieblichen Sozialen Arbeit. Schweigepflicht – Datenschutz – Zeugnisverweigerungsrecht. Weinheim, Basel: Beltz Juventa (Betriebliche Soziale Arbeit, 2).

Kosik, Karel (1986): Die Dialektik des Konkreten. Eine Studie zur Problematik des Menschen und der Welt. 1. Aufl. Frankfurt am Main: Suhrkamp.

Kühl, Stefan (2016): Projekte führen. Eine kurze organisationstheoretisch informierte Handreichung. Wiesbaden: Springer.

Kühl, Stefan (2018): Organisationskulturen beeinflussen. Eine sehr kurze Einführung. Wiesbaden: Springer.

Kühl, Stefan; Muster, Judith (2016): Organisationen gestalten. Wiesbaden: Springer.

Lévinas, Emmanuel (1995): Zwischen uns. Versuche über das Denken an den Anderen. [Nachdruck]. München: Hanser (Edition Akzente).

Löcherbach, Peter; Klug, Wolfgang; Remmel-Faßbender, Ruth; Wendt, Wolf Rainer (Hrsg.) (2018): Case Management. Fall- und Systemsteuerung in der Sozialen Arbeit: 5., überarb. Aufl. München: Ernst Reinhardt (Soziale Arbeit).

Luhmann, Niklas (1972): Funktionen und Folgen formaler Organisation. 2. Aufl. Berlin: Duncker & Humblot (Schriftenreihe der Hochschule Speyer, 20).

Luhmann, Niklas (1981): Soziologische Aufklärung. Bd. 3. Opladen.

Luhmann, Niklas (1988): Die Wirtschaft der Gesellschaft. 1. Aufl. Frankfurt am Main: Suhrkamp.

Luhmann, Niklas (2018a): Die Gesellschaft der Gesellschaft. 10. Aufl. Frankfurt am Main: Suhrkamp.

Luhmann, Niklas (2018b): Schriften Zur Organisation 1. Die Wirklichkeit der Organisation. Unter Mitarbeit von Veronika Tacke und Ernst Lukas. Wiesbaden: Springer.

Luhmann, Niklas (2019a): Schriften Zur Organisation 3. Gesellschaftliche Differenzierung. Hg. v. Ernst Lukas und Veronika Tacke. Wiesbaden: Springer.

Luhmann, Niklas (2019b): Legitimation durch Verfahren. 11. Aufl. Frankfurt am Main: Suhrkamp.

Lyotard, Jean-François (2019): Das postmoderne Wissen. Ein Bericht. 9., überarb. Aufl. Hg. v. Peter Engelmann. Wien: Passagen.

Mennemann, Hugo (2020): Case Management auf der Organisationsebene (Teil 1). Beschreibungen und Erklärungen. In: Case Management 17. (4), S. 199–207.

Mennemann, Hugo (2021): Case Management auf der Organisationsebene (Teil 2). Implementierungsvorschläge. In: Case Management 18. (1), S. 37–47.

Mennemann, Hugo; Dummann, Jörn (2022): Einführung in die Soziale Arbeit. 4., akt. u. erw. Aufl. Baden-Baden: Nomos.

Mennemann, Hugo; Frommelt, Mona (Hrsg.) (2023): Praxis Case Management. Heidelberg: medhochzwei.

Reckwitz, Andreas; Rosa, Hartmut (2021): Spätmoderne in der Krise. Was leistet die Gesellschaftstheorie? Berlin: Suhrkamp.

Schimank, Uwe (2000): Theorien gesellschaftlicher Differenzierung. 2. Aufl. Opladen: Leske + Budrich (UTB).

Schimank, Uwe (2010): Die funktional differenzierte kapitalistische Gesellschaft als Organisationsgesellschaft – eine theoretische Skizze. In: Die Ökonomie der Organisation – die Organisation der Ökonomie. Wiesbaden: VS Verlag für Sozialwissenschaften, S. 33–61.

Schimank, Uwe (2016): Handeln und Strukturen. Einführung in die akteurtheoretische Soziologie. 5., durchgesehene Aufl. Weinheim, Basel: Beltz Juventa (Grundlagen der Soziologie).

Staub-Bernasconi, Silvia (2007): Vom beruflichen Doppel- zum professionellen Tripelmandat. Wissenschaft und Menschenrechte als Begründungsbasis der Profession Soziale Arbeit. In: *Zeitschrift für Sozialarbeit in Österreich* (2), S. 8–17. Online verfügbar unter https://docplayer.org/50739858-Sozialarbeitswissenschaft.html.

Tacke, Veronika (2018): Soziologie der Organisation. Wiesbaden: Springer.

Thiersch, Hans (2020): Lebensweltorientierte Soziale Arbeit – revisited. Weinheim, Basel: Beltz Juventa (Edition Soziale Arbeit).

Watzlawick, Paul (2019): Anleitung zum Unglücklichsein. 31. Aufl. München: Piper.

Watzlawick, Paul; Bavelas, Janet Beavin; Jackson, Don D. (2011): Menschliche Kommunikation. Formen, Störungen, Paradoxien. 12., unveränd. Aufl. Bern: Huber (Huber Psychologie Klassiker).

Weber, Max (2009): Gemeinschaften. Tübingen: Mohr (Studienausgabe der Max-Weber-Gesamtausgabe / Max Weber Abt. 1, Schriften und Reden Bd. 22, Wirtschaft und Gesellschaft, Teilbd. 1).

Wendt, Wolf Rainer (2006): State oft the art: Das entwickelte Case Management. S. 1–43 in: Wendt, Wolf Rainer/Löcherbach, Peter (Hrsg.): Case Management in der Entwicklung. Stand und Perspektiven in der Praxis. Heidelberg: Economia.

Wissert, Michael (2007): Tools und Werkzeuge beim Case Management: Die Hilfeplanung. In: Case Management (1), S. 35–37.

Wissert, Michael (2009): Grundfunktionen des Case Managements: Gate Keeper-Funktion. In: Case Management 2, S. 89–91.

Wissert, Michael (2010a): Grundfunktionen des Case Managements: Broker-Funktion. In: Case Management 1, S. 38–40.

Wissert, Michael (2010b): Grundfunktionen des Case Managements: Advocacy-Funktion. In: Case Management 2, S. 91–94.

Wissert, Michael (2011): Grundfunktionen des Case Managements: Support-Funktion. In: Case Management 2, S. 85–89.

Vogt, Irmgard; Schmidt, Martin, Schu, Martina (2003): Motivationsarbeit mit Drogenabhängigen: Erfahrungen mit Motivational Interviewing und Case Management. In: Suchttherapie 4, S. 132–139.

Yalom, Irvin D. (1990): Die Liebe und ihr Henker & andere Geschichten aus der Psychotherapie. München: Knaus.

Stichwortverzeichnis